云南省千人计划青年人才项目资助
云南省技术创新人才培养对象项目资助
昆明市官渡区学术和技术带头人计划资助
国家自然科学基金青年科学基金项目(41602294,41702326,41602310)资助

扰动条件下构造裂隙带活化导渗机制及应用

张蕊　黄震　杨艳娜　姜春露
张卫强　冯立红　常刚　著

中国矿业大学出版社
·徐州·

内 容 简 介

本书是关于扰动条件下构造裂隙带活化导渗研究的基础专著。本书综合运用实验室实验、理论分析及现场实测等方法，针对带压开采过程中的构造裂隙带活化突水通道形成机制及渗流突变规律进行了深入研究，最后将研究成果应用于现场，验证了构造裂隙带岩体阻渗强度评价方法及断层活化突变模型的适用性，为带压开采构造被扰动后底板突水危险性评价提供了理论依据。

本书内容力求理论与工程实践相结合，可供从事岩土工程、煤炭、交通、电力、水力、冶金、城建等部门的工程技术人员和施工人员以及科研院所、大专院校有关专业的师生参考。

图书在版编目(CIP)数据

扰动条件下构造裂隙带活化导渗机制及应用/张蕊等著. 一徐州:中国矿业大学出版社,2020.5

ISBN 978-7-5646-4621-9

Ⅰ. ①扰… Ⅱ. ①张… Ⅲ. ①裂隙一活化一突水一研究②裂隙一活化一渗流一研究 Ⅳ. ①TU43

中国版本图书馆 CIP 数据核字(2020)第 027501 号

书　　名　扰动条件下构造裂隙带活化导渗机制及应用
著　　者　张　蕊　黄　震　杨艳娜　姜春露
　　　　　　张卫强　冯立红　常　刚
责任编辑　陈　慧
出版发行　中国矿业大学出版社有限责任公司
　　　　　　(江苏省徐州市解放南路　邮编 221008)
营销热线　(0516)83884103　83885105
出版服务　(0516)83995789　83884920
网　　址　http://www.cumtp.com　**E-mail**:cumtpvip@cumtp.com
印　　刷　虎彩印艺股份有限公司
开　　本　787 mm×1092 mm　1/16　**印张** 9　**字数** 162 千字
版次印次　2020 年 5 月第 1 版　2020 年 5 月第 1 次印刷
定　　价　39.00 元
(图书出现印装质量问题，本社负责调换)

前 言

随着地下采掘不断延深，突水已成为威胁地下工程安全的最主要灾害之一，而构造裂隙带突水是其主要表现形式，研究采掘过程中构造裂隙带活化渗流机制，对于地下工程水害的预测和防治具有重要意义。本书针对带压开采底板构造裂隙带活化突水灾害的复杂性和突发性特点，以研究构造裂隙带活化导渗机制为目标，综合利用工程地质学、岩石力学、水文地质学、构造地质学、非线性动力学、流体力学及采矿工程学等学科的研究方法和试验测试手段，从岩体细观裂隙特征入手，分析采掘过程中的岩体渗流特征；通过以往突水资料的统计，探讨突水的基本力学特征及影响因素，结合现场压渗试验，研究构造裂隙带的阻渗条件，并给出评价量化依据；以底板突水通道为研究对象，通过室内物理模拟试验，结合现场实测结果，揭示高承压水作用下的构造裂隙带活化渗流突变规律及突水通道的形成机制；考虑断层破碎带中介质的不同力学性质，建立外界扰动条件下的断层突变模型，揭示外界扰动条件下的断层活化突水机理，为矿井构造裂隙带突水机理和预测预报研究建立理论基础。

对于断裂带岩体渗流机制的研究，尽管诸多学者在理论研究、现场实测、实验室实验及数值计算等方面均有长足的进展，且在不同时期、不同程度上对煤矿底板突水防治起到了积极的指导作用，但这些研究需进一步考虑构造裂隙带活化导渗突水的时空复杂性。为此，我们提出了下面三个在构造裂隙带活化导渗突水中需要特别关注和研究的基础问题。

(1) 构造裂隙带控水性问题

对于构造裂隙带控水性问题，理论研究中多采用简单化设定甚至完全回避，将其看作一个面来处理，评价时也多采取模糊化处理。实际上构造裂隙控水性的力学机制涉及复杂的时空过程，一方面，影响底板阻水性的构造形式多种多样，如断裂带自身的结构组合特征、两盘岩体的性质(弱化程度、发育特点、倾角、空间展布特征及残余构造应力)等；另一方面，构造对底板阻水性的影响具有阶段性，或由阻水到导水，或导渗性由弱到强，这种变化过程既与构造原生性质有关，也受采掘扰动的影响。

(2) 承压水对断裂带突水通道形成过程的影响问题

以往的研究大多把水压力看成是作用于隔水岩层中的均布荷载，忽略了高压水对断层带岩体的渗透破坏作用，而这种渗透破坏作用才是裂隙导水通道发育的前提；此外，由于断裂带中存在着大量的节理、裂隙及弱结构面等，受底板下伏高承压水的冲刷、扩径作用，渗流类型发生了改变，已不是单纯的孔隙流类型，而是水力渗透破坏扩展类型，故水力渗透破坏才是突水通道形成的主控因素。

(3) 构造裂隙带突水判别量化取值问题

由于构造部位的力学及渗流机制较为复杂，导致突水判据准则目前仍没有形成统一的认识。一些突水理论将岩石的塑性破坏作为岩层突水标准(如板壳理论和关键层理论)，有些理论以抗压强度为突水标准(如突水系数法)，也有一些理论以裂隙的扩展作为岩层导水的标准。这些标准之间差异较大，并且实际上岩石破坏与岩石导水不是同一概念，比如砂岩抗压、抗剪强度都较强，不易破坏，但砂岩大都具脆性特征，受构造变动或采动影响易产生碎裂破坏，所以砂岩一般因其不同程度的开通性裂隙发育而具有较强导水性；与砂岩相比，泥质岩类虽然抗压、抗剪强度较弱，但因其较强的塑性特征而使其受力变形呈柔性特征，由此导致泥质软岩的隔水性能普遍较砂岩强。因此，对不同岩性隔水层的隔水性能进行量化分类，目前仍是一个难题。

全书共分为6章，第1章提出了构造裂隙带活化导渗突水研究的必要性；第2章讨论了底板岩层细观渗流特征；第3章给出了底板突水力学特征及阻渗条件；第4章对构造裂隙带突水通道的形成机制进行了论述；第5章通过建立断层活化突变模型对断层活化失稳机理进行了分析；第6章通过实例对构造裂隙带岩体阻渗强度评价方法及活化突变模型的适用性进行了检验。本书是主著者张蕊多年来研究和认识的总结，同时在撰写过程中也参阅、吸纳了其他学者的研究成果。张蕊撰写了全书的主体内容，姜春露参与撰写了第2章，黄震、杨艳娜参与撰写了第3章主要内容，张卫强、常刚参与了第4章的撰写，冯立红参与了第5章的撰写。本书所涉及的问题探索性较强，难免有错误之处，衷心希望读者批评指正。

衷心感谢姜振泉教授、孙强教授和朱术云教授对本书研究工作的支持和对主著者的鼓励与帮助。同时感谢云南省千人计划青年人才项目、云南省技术创新人才培养对象项目、昆明市官渡区学术和技术带头人计划和国家自然科学基金青年科学基金项目(41602294,41702326,41602310)在经费方面的支持。

著　者

2019年12月

目 录

第1章 绪 论

1.1 研究背景及意义

从煤炭资源储量及开采危害方面看,中国是受下伏底板承压灰岩岩溶水威胁最严重的国家,有60%的煤矿不同程度地受到底板岩溶承压水的威胁[1]。威胁范围主要分布于华北地区(华北型煤田,东起山东淄博、江苏徐州,西至陕西渭北,北起辽宁南部,南至河南平顶山、安徽淮南)以及华南地区(华南型煤田,例如涟邵、南桐、天府、乐昌、萍乡等)[2-3]。对于华北型煤田,经过近一个世纪的开采,浅部煤炭资源量大幅减少,部分矿区资源已接近枯竭,因此许多矿区逐渐转向了深部开采。随着开采深度的增大,采掘工作面底板所承受的地压和水压越来越大,水文地质条件也更加复杂,致使底板水害的威胁日趋严重,频繁的突水事故给人们带来了极大的生命威胁与财产损失。据不完全统计,1956—2012年,我国华北型煤矿开采山西组、太原组煤层时,来自煤层底部太原组灰岩和基底中奥陶系灰岩岩溶水的底板突水1 900余次,其中淹井事故300余次,造成的经济损失高达数百亿元,因水害造成的人员伤亡达数千人[4-5]。特别严重的是1984—1985年期间和1996—2000年期间,全国发生底板突水而淹井的事故22起和8起,直接经济损失分别为7亿元和8.5亿元,间接经济损失达百亿元。近年来,煤矿突水事故虽明显得到了有效的控制,但是由于不同地区地质、采矿条件千差万别及突水机理复杂,目前高承压水上煤层开采仍然是一个世界性技术与工程难题。

从突水形式方面看,根据对过去大量突水事故中的水文地质资料和突水原因的分析,得出底板突水绝大多数与断层有着直接关系的结论。在井陉矿区,直接沿断层发生的突水占74%,断层影响带(距断层带15 m范围)内的占

23%[6]。在肥城矿区,与断裂构造有关的突水占72.6%,其中5次涌水量大于1 000 m^3/h的突水均与断裂构造有关[7]。断裂构造的存在不仅改变了岩体的力学性质,降低其强度指标和变形模量,同时也严重影响岩体的渗透性。断层中的水不仅和断层中的岩体发生物理、化学等方面的作用,且由于断层中水压的变化还会引起岩体中应力分布的改变,而岩体中应力的改变又引起岩体孔隙的变化,从而间接改变了地下水的流量及水压力条件,因而断层中的水和岩体在力学形态和作用过程等方面是相互影响的。因此,研究高承压水上采煤底板断层突水规律,对于实现煤矿安全生产,防治煤层底板突水具有十分重要的理论与实践意义。

从断裂带岩体结构控制方面看,断裂带岩体结构的存在不仅削弱了岩体的力学强度,控制着岩体的变形和破坏规律,岩性和赋存环境又对结构面在岩体力学性质形成上起一定控制作用。岩石力学试验表明,当岩石所承受的应力一旦超过它的长期强度(对应体积膨胀起点,或称为损伤应力)后,岩石表现为累进性破坏,同时伴随体积膨胀(扩容),直至发生强度破坏。在这个过程中,岩石内部微裂纹逐渐丛集、扩展,并相互连接形成一条明显的断裂面,而当所施加的应力差超过摩擦阻力时,两盘就开始相对滑动形成断层。断裂结构面有张裂结构面和闭合结构面之分,在井下断裂带附近开采时,采掘引起断裂带及其附近顶、底板岩体的变形和破坏,使得闭合不导水的断层可能变为导水断层,断层的存在破坏了岩层的完整性,常常成为与含水层联系的导水通道[8]。因此,从岩体结构入手对断裂带岩性组合特征进行研究,可为采动断层活化突水提供理论研究基础。

鉴于此,可知对带压开采过程中底板裂隙带岩体结构组合特征、突水通道形成过程、阻水条件及活化导渗机制方面的研究仍存在很多问题,有待于继续深化研究。正确认识和分析煤矿采掘过程中底板构造裂隙带活化突水的灾变机制,采取有效手段对构造控水特点、构造裂隙带的结构特征、突水通道形成过程及阻水能力等关键问题进行深入探究,明确提出能真实反映构造扰动底板阻水条件的评价方法和量化依据,对于深部煤层带压安全高效开采具有重要的意义。

1.2 国内外研究现状

1.2.1 断裂带岩体结构研究

(1) 岩体结构特征

20世纪60年代,谷德振[9]、孙玉科[10]等提出了“岩体结构”概念和岩体结构控制岩体稳定的重要观点。20世纪70年代末和80年代初,孙广忠[11]明确提出了“岩体结构控制论”是岩体力学的基本理论,推动岩体力学进入岩体结构力学的研究阶段。结构面和结构体是岩体结构的两个基本单元,是岩体力学规律形成的基础,它们相互排列组合形成了各种各样的岩体结构,控制着岩体的变形和破坏。矿区岩体结构是沉积建造和构造改造的结果,其形成和演化的实质是在沉积作用和构造作用双重控制下岩体内、外物质和能量交换的过程,在岩体结构内,各组成要素表现为多层次性、非线性和不确定性等。谷德振[9]、孙广忠[11]、陈昌彦[12]等提出了不同级别的结构面对岩体结构效应的控制作用是不同的,为此,按结构面的自然规模将其分为Ⅰ～Ⅴ五级,一般认为Ⅰ、Ⅱ和Ⅲ级结构面为不同规模的断层和断裂带,Ⅳ、Ⅴ级结构面多为随机分布的节理裂隙。目前,对于岩体结构面的研究已获得了较多成果。Kulatilake[13]、王金安[14]等从分形的角度研究了节理化岩体的特征及应用。谭学术等[15]给出了三维应力理论条件下的层状复合岩体的强度表达式。何满潮等[16]对含结构面的岩体进行连续性概化,提出了连续性模型和连续微元尺寸条件,对不同尺寸和不同岩体结构面的工程岩体,其连续微元尺寸有所不同,从而为结构面的处理提供了理论依据。但是目前的研究对岩体结构面的几何形态和力学性质的描述依然十分粗糙,特别是在外界因素对它们的影响方面缺乏可靠的依据,对沉积岩体结构特性认识不够深入。因此,从原始沉积入手,研究岩体的岩性结构和环境因素及其力学性质的影响,建立可靠的岩体结构地质力学模型和本构关系,是工程岩体力学研究的重要内容。

(2) 断裂带岩体结构特征

由于断裂带通常都充填一定厚度的各种各样的构造破碎产物,并且其上下盘常有一定范围的影响破碎带,因此,断裂带作为一个低强度、易变性、透水性大和抗水性差的软弱带,与其两侧岩体在物理力学特性上具有显著的差异。对于断裂带,特别是煤矿区的断裂带,由于其隐蔽性强,所以研究较少。但也有一些学者从不同的角度对此进行过研究。孙广忠[11]研究了断层破碎带、影响带和交汇带宽度的力学效应。徐志斌等[17]从分形的角度研究了断裂构造的结构，得出结论为断裂构造具有明显的分形结构特点。孙岩等[18]从断裂构造岩的分带展布、变化发展过程确定了各种破裂结构面中构造岩带的构造形式，并和结构面的显观构造相联系，提出了结构面的构造岩带的概念。孟召平等[19]通过对正断层附近煤岩显微裂隙及空隙观测、力学性质试验和数值模拟分析，系统地揭示了正断层对煤的物理力学性质和矿压分布的影响。黄桂芝等[20]通过对断层附近反牵引现象的研究，指出其是干扰正确判断断层性质、准确寻找缺失盘煤层的一个非常重要的因素。

武强等[21-22]通过对断层带物质的物理力学试验，得到了断层带物质与围压、载荷作用特点及含水量的关系，并提出了煤层底板断裂突水时间弱化效应的新概念。吴基文等[23]对断层带岩体阻水能力进行了原位测试，获得结论为断层带岩体的阻水强度小于完整岩层的阻水强度，为后者的1/10～1/3。史兴国[24]对断层泥阻隔承压水进行力学分析，从力学机制角度研究了滞后型突水。

1.2.2 断层突水机理研究

在国外，对于煤层底板突水机理的研究始于20世纪初期，但由于国外矿井开采条件较好，矿井水文地质条件简单，因此在断层活化突水方面的研究也相对较少[25-30]。另外，20世纪80年代以后，国外各主要产煤国逐步加大对开采造成的环境影响方面的研究，对可能导致的环境危险以及在开采技术上的挑战更加重视，许多学者在开采对环境的影响以及对自然的修复方面开展了大量的研究[31-35]。对断层突水的典型研究成果有：Isam和Shinjo[36]用边界元法分析了孟加拉国Barapukuria矿运输大巷的断层在采动条件下的活化机理；Bailey等[37]从断层本身的性质出发，分析了英国East Pennine(东佩宁)煤田中断层的活化机制；Bell等[38]研究了不同含煤地层与渗透性的变化关系；Burgi等[39]提出了断层带软弱破碎岩石地质力学特性的定量方法。

随着我国目前许多矿区陆续进入深部开采，矿井水害的威胁随着开采深度的加大而日趋严重[40-42]。由于断层在底板突水过程中的关键作用，许多科技工作者对断层突水的机理进行了探索和研究，取得了大量的成果，归纳起来主要有以下几个方面的理论。

(1) 矿山压力与采动岩石(体)力学方面

黎良杰、钱鸣高等[43-44]把断层分为张开型与闭合型，分别对其突水机理进行分析，认为张开型断层的突水机理是断层两盘在承压水作用下产生了张开，承压水沿张开裂隙突出，同时对断层带进行渗透冲刷；闭合型断层的突水机理主要是断层两盘按板的规律破坏或断层两盘关键层接触部产生强度失稳；同时得出结论：正断层比逆断层更容易突水，闭合型断层在采动影响下可能转化为张开型断层。谭志祥[45]利用力学平衡的原理，计算底板断层在垂向承受的压力，当垂向的压力不平衡时，可能发生突水事故，并给出了底板及断层附近是否突水的判别公式。该力学模型把底板简化为自由边界，与实际情况有较大的出入，但其研究方法值得参考。营志杰[46]利用煤层渗透性变化规律，确定了断层防水煤柱保持稳定和隔水的基本条件是：在断层裂隙带和屈服带中间保留一定宽度的弹性核（弹性核由于受支承压力的影响具有较强的隔水性），防止构造裂隙和采动裂隙沟通导水。研究还给出了相应的计算公式：

$$W = W_b + W_p + W_y \tag{1-1}$$

式中，W_b为断层裂隙带宽度；W_p为弹性核宽度；W_y为屈服带宽度。

施龙青等[47]结合矿山压力控制理论及几何损伤力学理论，分析了巷道掘进沟通断层型突水宏观预兆和微观预兆产生的机理；从“以岩层运动为中心”的实用矿山压力控制理论出发，深入地研究了采场断层在矿山压力作用下活化的力学机理；深入地研究了水在断层突水中的各种作用，从结晶学角度探讨了水对岩石强度的影响机理；根据采场“内外应力场”理论，分析了矿压对突水量的影响以及各个阶段断层突水类型的特点，分析了矿山压力对突水量的影响作用；根据采场底板应力分布特点，研究了断层突水的条件，从矿压的角度给出了采场底板断层是否突水的判别方法，认为采场断层发生突水的条件为煤层开采造成的底板破坏深度不小于底板高峰应力线与断层交点的深度。张文泉[48]以断裂的结构为切入点，从断裂产生的裂隙、节理的角度，运用断裂力学论述了裂隙、节理的扩展和贯通是底板突水的必要通道条件，提出了“贯通性断裂结构面条件下底板突水机理”。李青锋等[49]基于隔水关键层原理建立了含隔水断层的隔水关键层活化力学模型，从理论上解析了隔水断层在矿压和水压作用下的断层活化滑移条件，最后分析了顶底板隔水断层的断层活化突水机理，得出了矿压和水压共同作用下的断层采动活化突水条件。卜万奎[50]通过力学模型计算出了断层活化的剪应力判据，并分析得到了采深、断层倾角、断层落差、采场推进方向和工作支撑压力等因素对底板断层活化的影响规律。

(2) 地质构造方面

高德福[51]从地质学理论的角度，对断层活化机理进行了研究。杨善安[52]

详细分析了断层在采空区的位置及要素与突水的关系，得出结论：断层面倾向采空区方向的采空区边界底板断层最容易发生突水事故，尤其是当断层倾角同最大膨胀线相吻合时。高延法等[53]分析了水与水压在底板突水中的力学作用，将水对底板的作用归纳为四种：① 水的软化作用；② 水的力学作用；③ 水楔作用；④ 水流的冲刷扩径作用。卜昌森[54]基于大量的现场突水资料，探讨了在矿压作用下，地质构造的存在更容易引起底板突水的问题。刘燕学[55]探讨了断层构造对底板突水的控制作用，定性分析后认为：相同的地质条件下，断裂破坏带突水的可能性较正常岩层突水可能性显著提高。杨新安等[56]将断层突水分为大断层突水与小断层（落差为数米的一条或几条断层构成的破碎带）突水，并分别分析了它们各自突水的特点和突水机理。倪宏革、罗国煌[57]提出了底板突水的优势面理论，一反以往从地层纵向认识突水机理的传统，而转向在开采平面上查询最易突水的薄弱区，认为煤系地层构造是控制突水的关键因素。根据优势面理论，在众多构造中，对突水起决定性控制作用的当属优势断裂，弄清优势断裂的控水机制，就能避免或控制许多突水事故的发生。所谓优势面，是指对区域稳定性、岩体稳定性起控制作用的结构面以及对气液介质起控制作用的结构面。在华北型石炭-二叠系煤田中控水优势断裂一般为 NNW、NWW 向断裂，通过对断裂的四类优势指标如时间、性质、空间及岩性进行量化分析，用以下的公式进行量化评价，确定优势面的控水等级，然后依据优势面的控水等级再确定相应的工程对策。

$$I_f = 1.3I_1 + 1.2I_2 + 0.8I_3 + 1.0I_4 \tag{1-2}$$

式中，I_1、I_2、I_3、I_4 分别为时间优势值、性质优势值、储水空间优势值和岩性优势值。上述理论在兖州矿区鲍店、北宿、杨村及淮南矿区新庄孜、李咀孜等数十个工作面涌水突水及防治情况中得到了很好的验证。

周瑞光等[58]认为突水瞬间是一个综合效应下的瞬时地质事件，突水前是一个与时间有关的地质作用过程，事件与过程都受多因素的影响，而且工程地质作用过程和突水瞬间与岩体的“弹性变形—阻尼变形—常速流动变形—加速流动”变形相对应，突水具有时效特征。杜文堂[59]使用了可靠度分析的“JC”方法，分析了水压力、煤层抗张强度及突水系数的不确定性，建立了防水煤柱可靠度分析的极限状态方程。韩爱民等[60]从地质力学的角度，在基岩裂隙透水性基本特征分析的基础上，综合考虑影响断裂带透水性以及可能引起断层涌水的各种地质因素，总结出易于突水的断层的特征，对实际工作中突水预测具有参考意义。李晓昭等[61-63]提出断层带会成为地下空间开挖后变形和应力传播的“屏

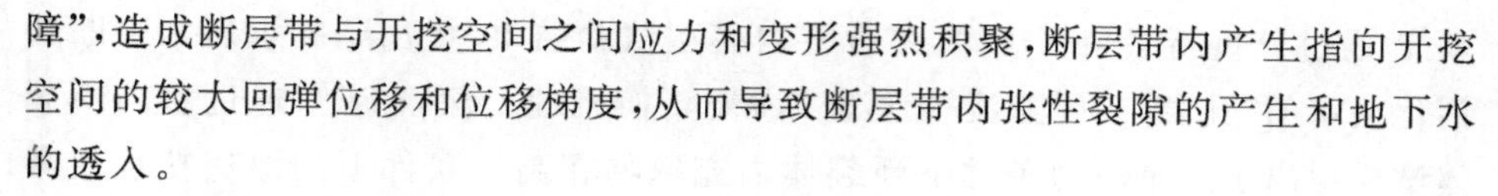

障”，造成断层带与开挖空间之间应力和变形强烈积聚，断层带内产生指向开挖空间的较大回弹位移和位移梯度，从而导致断层带内张性裂隙的产生和地下水的透入。

（3）非线性方面

于广明等[64]从分形的角度出发，推导了断层活化分形维数公式，并以此为基础反推了活化后的残余抗剪强度，给出了断裂活化突水机理：当地下开采影响范围达到断层时，造成断层附近的附加应力集中，超出断层带的极限强度后，发生剪切破坏，致使断层两侧岩体失去稳定性，产生错动或整体滑移，从而导通含水层引发突水。邱秀梅、王连国等[65-66]采用分形树破坏模型建立了断层破裂的重整化群变换关系方程，指出当所施加应力仅使断层单元的破坏率小于临界破坏率 $P_c=0.2063$ 时，系统破坏仅是局部的；当大于临界破坏率 $P_c=0.2063$ 时，原有随机无序分布的裂隙逐渐向某吸引域（如断层中的最大剪应力面）集中，直至各裂隙贯通，形成导水通道，引发断层突水。白峰青等[67]基于极限设计思想的概率方法提出断层防水煤柱设计的可靠度方法，认为断层沿侧向突水的概率小于沿工作面底板突水的概率，随着工作面倾向长度的增加、变异系数的增大、强度的降低、可靠度的降低，突水的可能性增大。潘岳等[68]根据 Mises 增量理论，对岩体断层破裂的突变进行理论分析，获得了在非均匀围压下断层释放弹性能的数值表达式，此外也分析了岩石破裂时，断层围岩所施加的负载和约束的影响。

（4）模拟研究方面

目前，对于底板断层活化突水问题的研究主要是通过相似材料模型试验和数值分析两种方法。底板断层采动变形破坏、应力分布特征、位移规律及渗透性变化主要是通过相似材料模型试验和数值模拟分析发现的，试验、分析成果对于丰富底板水害防治理论具有重要意义。

相似材料模拟方面，杨映涛等[69]利用相似模拟研究了底板突水机理，得出了是否有断层底板突水的可能性与断层的位置和角度有关的结论。周钢等[70]采用相似模拟方法探讨了断层上下盘的开采顺序、推进方向及煤柱尺寸对断层导水危险性的影响。彭苏萍等[71]采用相似模拟试验证明了当工作面前方矿山压力作用方向平行于前方断层时，断层易于活化，而近乎垂直于前方断层时，不易活化，只有工作面推进到断层面附近时才发生活化。左建平等[72]利用二维物理相似模型研究了深部采动影响下断层的活化机理，根据监测数据分析得出在支撑压力作用下，断层下盘开始出现破裂带，说明断层将要发生活化。刘启蒙[73]通过分析断层突水规律，结合室内模型试验结果，提出了高承压水上断层活化突水的“孔隙流-裂隙流-管道流”渗流转换机理。徐德金[74]通过室内断裂体试样得出了三轴应力条件下断裂体内充填物在高压条件下的渗透特性及影响因素。

数值模拟方面，李连崇等[75]基于对断层形态、产状要素、力学性质复杂性及断层诱发突水机制的认识，针对承压水上采煤的含断层岩体水力学模型，通过有限元数值仿真再现了含断层煤层开采底板采动裂隙形成、断层活化到突水通道形成的全过程；通过对损伤演化、应力场和渗流场的解读，揭示开采扰动及水压驱动下完整底板由隔水岩层到突水通道的演化机制。卢兴利等[76]利用离散元软件 UDEC 分析了采场工作面推进过程中断层带变形与受力情况以及底板支撑压力、渗流数量、渗流速度的动态发展和分布特征，认为采动应力是底板破坏形成导水裂缝带及断层“活化”突水的一个主要诱因，断层的存在使得工作面与断层带范围内的围岩应力更加集中，底板破坏突水的危险性大大增加。武强等[77]从岩体与地下水相互作用机制分析入手，建立了应力场与渗流场的数学耦合模型，通过 FLAC3D 数值模拟软件，在 fish 语言平台下实现了对断裂构造滞后突水流-固耦合机制模拟。黄存捍[78]通过数值模拟得出了小断层活化突水分为三个阶段，即小断层活化阶段、活化区扩展阶段和裂隙扩展阶段。

1.2.3 岩体渗流及流固耦合研究

(1) 岩体渗流理论

20 世纪 60 年代，苏联学者 Barrenblatt 等[79]假定岩体是孔隙介质和裂隙介质相重叠的连续介质(即“孔隙-裂隙二重性”)，提出了双重介质模型。Snow[80]和 Romm[81]提出了裂隙岩体的渗透张量，使人们认识到了应力与渗透系数相互作用的重要性。由于完整岩石试件的渗透系数较小，无法反映出节理岩体的渗流情况，因此，很多学者开始引用立方定律对单裂隙渗流进行研究，并采用平行板试验进行了验证。

20 世纪 70 年代，许多学者开始采用在完整岩石试件上直接形成裂隙进行渗流规律试验，对于单裂隙渗透系数的试验研究主要采用径向流控制和轴向流控制两种方式。Louis 等[82-83]提出了正应力与渗透系数的关系，首次探讨了岩体渗流场和应力场的耦合关系。Jones[84]采用轴向流方式对岩体裂隙进行了研究。Iwai[85]等采用径向流研究了岩体裂隙渗流。

20 世纪 80 年代，日本学者 Oda[86]用裂隙几何张量统一表达岩体渗流与变形的关系，并讨论了等效连续介质模型的应力与应变关系。Habib[87]采用连续介质力学的方法对完整岩石试样的渗流进行了研究，得出了岩体中的应力状态对渗流系数影响较大的结论。Kelsall等[88]研究了地下硐室开挖后围岩所受应力与渗透系数的变化关系。

20世纪90年代以后，随着科学技术的发展、高精度仪器的出现，使得人们对裂隙岩体的研究逐渐转向了实际工程应用及多场耦合方面[89-91]。Sheik等[92]在实验中分析了煤矿开采过程中岩体应力、应变及位移的变化和水压力及流速的变化的相互关系。他们认为在矿井围岩稳定性的研究中，水是矿井围岩稳定的主要决定因素，在研究中应充分考虑高吸水率的问题，裂隙岩体的水力传导系数也应该在实验结果前得到准确的确定。Geir[93]在考虑地下水的影响中，采用了一个不受岩体采动影响的渗流模型，并对岩体变形与流体流动的耦合模型进行了应用。

在国内，对于裂隙渗流的研究起步较晚，但也取得了很多创新性成果。

仵彦卿等[94-95]依据水力学特征，把岩体结构分为准孔隙连续介质、裂隙网络介质、双重介质、岩溶管道网络介质以及岩溶溶隙管道介质五类进行研究。刘继山[96-97]用实验的方法分别研究了单裂隙和两组正交裂隙受正应力作用时的渗流规律，得出了裂隙渗透系数与裂隙系数、岩体力学参数以及水文地质常数之间复杂的关系式。郑少河等[98]在理论上推导了含水裂隙岩体的初始损伤及损伤演化本构关系，分析了渗透压力对岩体变形的影响机制，从裂隙变形角度出发，定量分析了裂隙岩体断裂损伤效应对岩体渗透性的影响，最后基于两场的耦合机理，建立了多裂隙岩体渗流损伤耦合模型。潘国营[99]利用广义双重介质渗流理论，对焦作矿区岩溶水通过大量的水流模拟试验得到了水在岩体裂隙和裂隙网络中的渗流规律。缪协兴等[100]研究了采动岩体渗流的力学机制，在试验的基础上，对峰后破裂岩体渗流采用非线性动力分析的方法，对破碎岩体的渗流采用概率随机分析的方法，分别得出了相应的渗流规律。

(2) 岩体流固耦合理论

渗流场与应力场耦合是多场广义耦合的重要内容，在力学领域中渗流场与应力场耦合作用又被称为“流固耦合作用”，而在地球科学领域中常称之为“水-岩(土)相互作用”[101]。简单来说，流固耦合研究的焦点在于研究固体介质和流体间的力学耦合基本规律，耦合现象和耦合问题越来越受到许多领域的学者和专家的重视。

在国外，多场耦合理论起源于20世纪50年代对水库诱发地震的分析，于

20 世纪 70 年代正式提出，直至 20 世纪 80 年代才得到 Noorishad 等[102]的完善发展。这期间主要有 Barton 等[103]针对岩体的稳定性和冻土地区隧道涌水问题进行了地下水渗流场、应力场与温度场之间耦合作用的探讨性研究。进入 20 世纪 90 年代中期，结合放射性废物处置问题的研究，瑞典核能研究所学者 Jing 等[104]给出了相对较系统的岩体地下水渗流场、应力场、温度场耦合作用的研究模型。

在国内，申晋等[105]建立了低渗透煤岩体煤层注水致裂的流固耦合作用数学模型，并推导了该模型的数值解法。刘汉湖等[106]通过煤层底板隔水层微观结构和矿物成分分析及岩石空隙结构特征测试，对隔水层的抗水压裂能力进行了评价。杨栋等[107]研究了采场底板的固流耦合作用，提出了承压水上采煤的裂隙介质固流耦合数学模型及其数值模拟解法。郑少河等[108]采用固流耦合方法对开采布局进行了分析，提出先开采上盘后开采下盘的新思路。杨天鸿[109]采用 RFPA2D 对杨村煤矿底板突水的损伤-渗流机制进行了数值模拟研究，得到了采动条件下岩层裂隙发展、贯通及整个底板发生突水的过程，对底板易发生突水部位进行了预测。李云鹏等[110]用似双重介质模型进行了岩体应力与渗流耦合分析。黄涛[111]基于对深层地下水资源的开采利用和对岩体工程中易发生的地质灾害预测防范研究的目的，提出了开展裂隙岩体渗流-应力-温度耦合作用研究设想。刘志军等[112]建立了承压水上采煤的流固耦合数学模型，并分析了各断层要素影响下采场应力分布规律及突水机理，得出了断层倾角、断层厚度和断层断距与突水的关系。此外，李文平等[113]、胡戈[114]、乔伟等[115]、隋旺华等[116-117]、董青红[118]、杨伟峰[119-121]也在流固耦合方面做了很多有益的研究。

第 2 章　底板岩层细观渗流特征

地下煤层开采后，打破了煤层及采空区周围岩体的原始应力场，导致采场周围岩体的原始应力进行重新分布，形成附加应力。在附加应力的作用下，采场周围一定范围内的岩体受采动的影响发生变形和破坏，形成了连通性较好的水力通道，对采场的安全开采产生了较大的威胁。为解决采场突水危险性这一问题，准确确定岩石渗透性是成功预测矿井突水危险性的关键。目前对岩石变形破坏过程中渗透性变化规律研究最重要的手段是岩石的全应力-应变伺服渗透试验[9]。在实际工程中，底板岩体处于三向受力状态，采用伺服渗透试验可充分反映出岩石渗透系数在岩石变形破坏过程中的变化过程，进而分析岩体变形破坏过程中导水通道的形成机制，以及岩体阻水性能的变化。

本章通过伺服渗透试验，分析了煤层底板岩石破坏过程中的渗透性演化规律，渗透性与应力-应变间的关系及软、硬岩间的差异；根据脆性岩石的破坏机制与渗透系数的演化类比关系，结合岩石统计强度和重整化群理论，推导出了脆性岩石在临界破坏点处的应变和岩石渗透系数急剧增大点处应变的相互关系。

2.1　岩石伺服渗透试验

为研究煤系底板岩层在岩层破坏过程中的渗透性变化规律，采用 MTS815-02 型岩石力学伺服试验系统，对煤系底板岩样进行全应力-应变渗透试验，如图 2-1(a)所示。先将试样置于围压为 σ_3、轴向压力为 σ_1（$\sigma_1=\sigma_3$）及孔隙水压力为 p_{w1}（试验过程中控制 $p_{w1}<\sigma_3$）的初始受力条件下渗流，之后降低并控制试样下部的孔隙水压力为 p_{w2}，使得试样在两端形成稳定的水头压差 $\Delta p_w=p_{w1}-p_{w2}$，最后再逐级施加轴向荷载，试验原理图见图 2-1(b)。

(a) 实物图

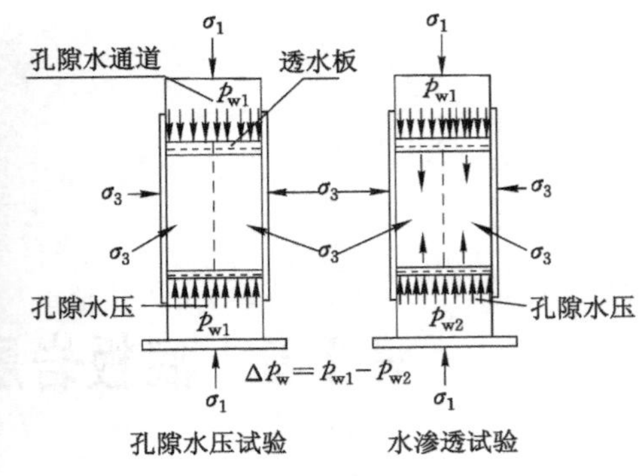

(b) 原理图

图 2-1　MTS815-02 型岩石力学伺服试验系统

在伺服渗透试验中,包括数据采集和分析处理在内的所有过程均由计算机控制。在对试样每施加一级轴压后,记录试样在轴向变形过程中的应力、应变及渗透性数据,绘制出岩石渗透性-应变及应力-应变关系曲线。

各级轴压作用下的试样渗透系数 K 可根据式(2-1)计算:

$$K = \frac{k\gamma}{\mu} = \frac{\gamma}{\mu \cdot A'} \sum_{I=1}^{A'} \left[m_1 \lg \frac{\Delta p_{w(I-1)}}{\Delta p_{w(I)}} \right] \tag{2-1}$$

式中,γ 为水的容重;μ 为动力黏度;A' 为数据采集行数;m_1 为试验参数;$\Delta p_{w(I-1)}$ 和 $\Delta p_{w(I)}$ 分别为第 $I-1$ 行和第 I 行的渗透压差值。

试验所采用的岩样可分为软岩和硬岩两类,均来源于兖州矿区下组煤底板,其结构、强度和变形特征相差较为明显。在试样应力-应变试验过程中,每个试样均记录 8～10 个测试控制点,在所有试样的两个端面均设有径向变形约束。试验过程中各试样的具体控制参数分别为:① 细砂岩,围岩 20 MPa,孔隙水压 12.0 MPa,起始渗透压差 1.8 MPa;② 铝土岩,围压 8 MPa,孔隙水压 4.0 MPa,起始渗透压差 1.5 MPa;③ 除细砂岩和铝土岩外的其他试样,围压 4 MPa,孔隙水压 2.8 MPa,起始渗透压差 1.5 MPa。试验控制条件见表 2-1,试验结果见图 2-2 和图 2-3。

表 2-1　试验控制条件

试样编号	岩 性	围压/MPa	孔隙水压/MPa	起始渗透压差/MPa
样 1	灰岩	4	2.8	1.5
样 2	中砂岩	4	2.8	1.5

表 2-1(续)

试样编号	岩 性	围压/MPa	孔隙水压/MPa	起始渗透压差/MPa
样 3	细砂岩	4	2.8	1.5
样 4	细砂岩	20	12.0	1.8
样 5	砂质泥岩	4	2.8	1.5
样 6	铝土岩	8	4.0	1.5
样 7	黏土岩	4	2.8	1.5
样 8	全风化砂质泥岩	4	2.8	1.5

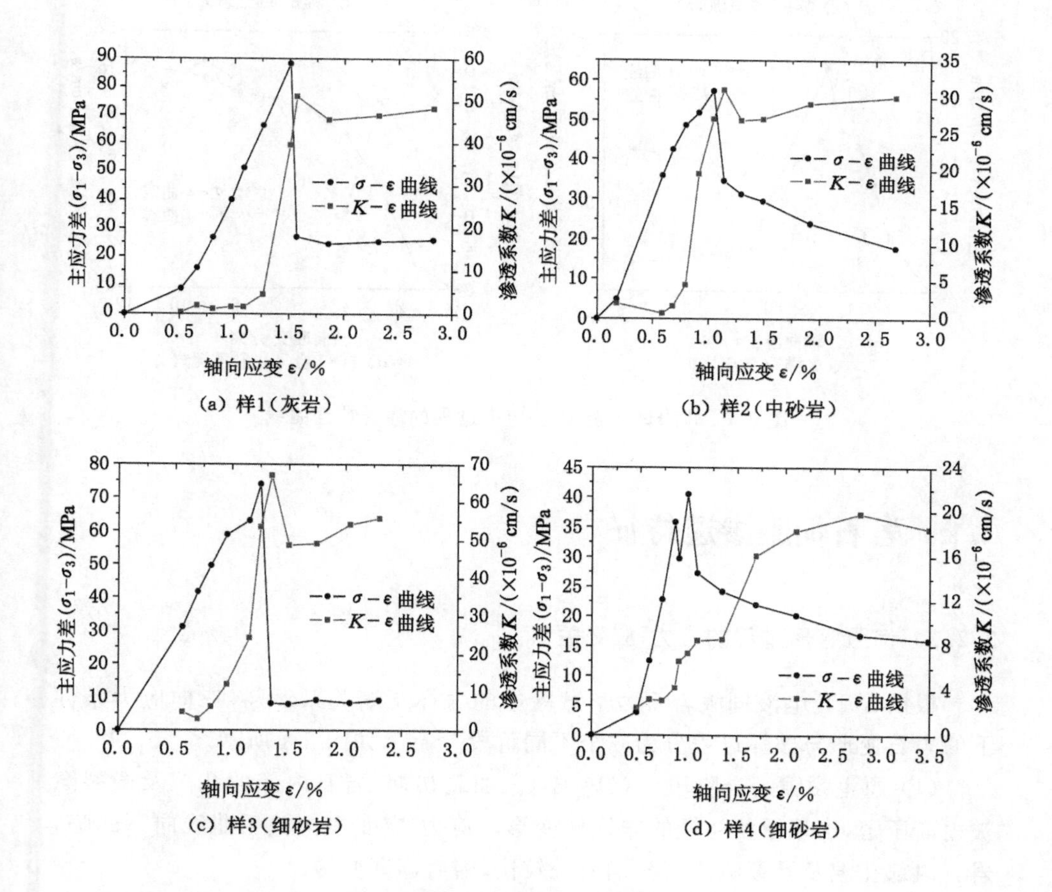

图 2-2　硬岩试样全应力-应变过程的渗透特性曲线

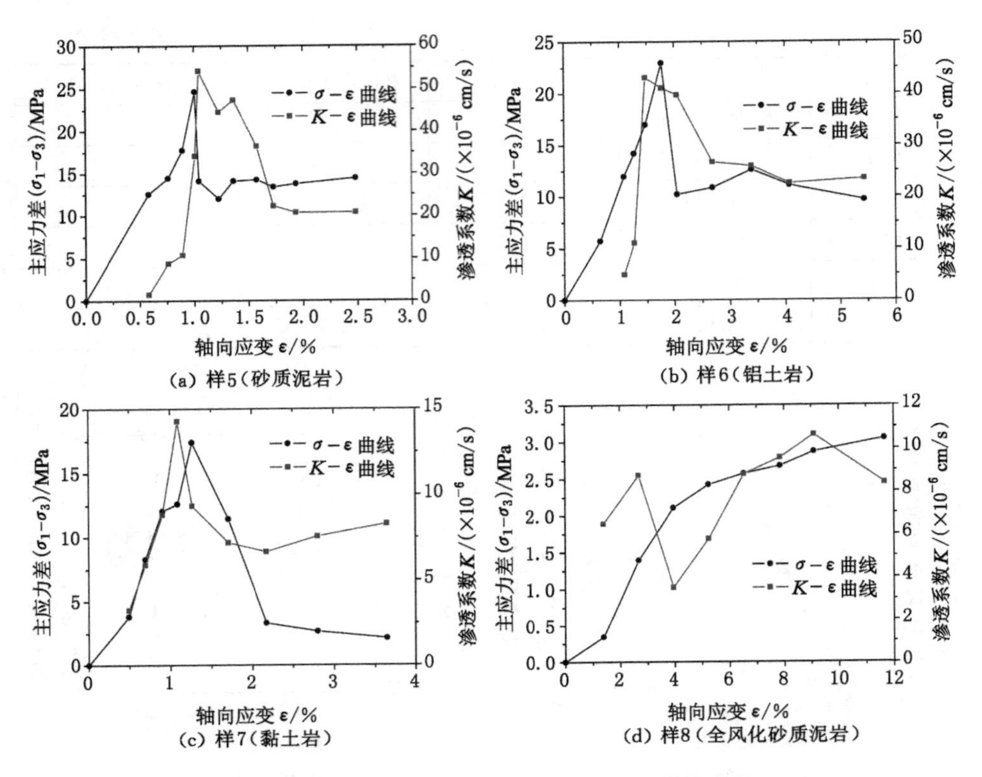

图 2-3　软岩试样全应力-应变过程的渗透特性曲线

2.2　岩石伺服渗透特征

2.2.1　伺服变形过程的应力-应变关系

根据 MTS 电液伺服岩石力学试验中的岩样压缩关系，可将三向应力条件下的岩石变形与破坏过程分为 6 个不同阶段[122-123]，如图 2-4 所示。

(1) 原生裂隙闭合阶段Ⅰ(OA 段)。加载初期，岩石内部的孔隙及微裂隙被逐渐压密，出现原始初期的非线性变形。应力-应变本构关系曲线向下凹陷，岩石内部孔隙及微裂隙压密初期增长较快，随后逐渐变慢。

(2) 线弹性阶段Ⅱ(AB 段)。随荷载的增加，轴向变形成比例增加，当轴向荷载撤去后，岩石变形可恢复到原始弹性状态。在此阶段岩石试样只出现弹性变形，且变形较为均匀，内部微裂纹不发生扩展。

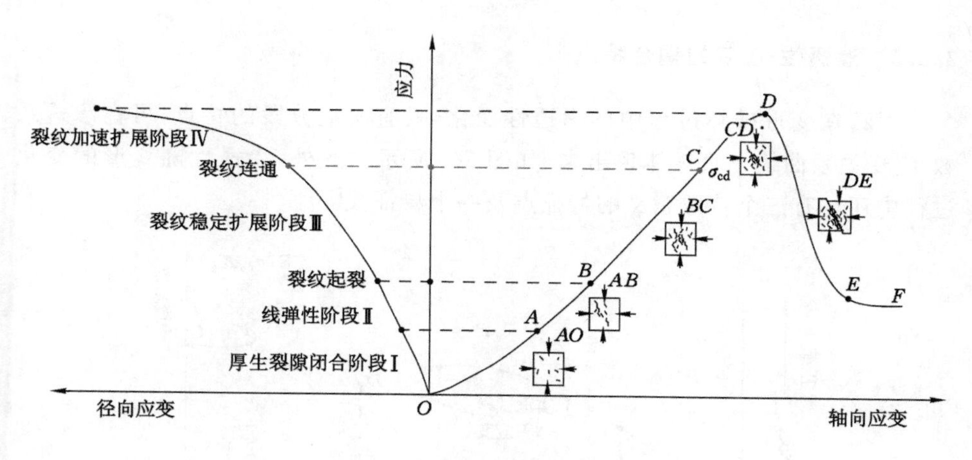

图 2-4 岩石应力-应变关系

(3) 裂纹稳定扩展阶段Ⅲ(*BC* 段)。此阶段的上界应力称为屈服极限(σ_{cd}),为峰值强度的80%左右。在岩石应力超过屈服极限后,原来被压密的微裂纹将发生扩展,导致新的微裂隙出现,且随应力的逐渐增大而持续发展,当应力维持恒定时,新裂隙将停止增长。由于原有微裂隙扩展和新的微裂隙出现,导致岩石的体积压缩率逐渐减小,而轴向与侧向应变速率则逐渐增大。在此阶段,部分微裂纹继续被压缩,但另一部分微裂纹将发生扩展,此消彼长。

(4) 裂纹加速扩展阶段Ⅳ(*CD* 段)。此阶段微裂纹会迅速增加和继续扩展,形成局部破裂面;应力-应变曲线斜率逐渐减小,越来越多的微裂纹发生非稳定扩展并产生新的裂隙,裂纹数量和尺寸均增大,从而产生宏观体积膨胀。此时,微破裂在空间的分布出现局部化,从无序转向有序,空间分布维数降低。

(5) 宏观破坏阶段Ⅴ(*DE* 段)。此阶段岩石承载力迅速降低,由连续、均匀应变逐渐向损伤局部化和应变局部化过渡。随着岩石内部微破裂发展为贯通性的结构面,岩石承载能力迅速下降,在应力-应变关系曲线的峰后拐点(*E* 点)处,出现了宏观上的分解。

(6) 残余变形阶段Ⅵ(*EF* 段)。岩石发生宏观破裂后,在岩石内部形成断裂面,导致岩石变形局部化进一步加剧。此时,岩石内部的大部分裂隙发生了闭合,贯通性的结构面也在摩擦过程中压缩闭合。因此,这个阶段内岩石还具有一定的残余强度。

2.2.2 渗透性-应变的耦合特点

岩石在变形破坏过程中的渗透性变化，具有明显分段的特点，可在渗透系数-应变关系曲线上直观体现出来，如图 2-5 所示。此外，渗透性随变形的变化过程中还具有三个特殊意义的特征点及一个特征段[124]。

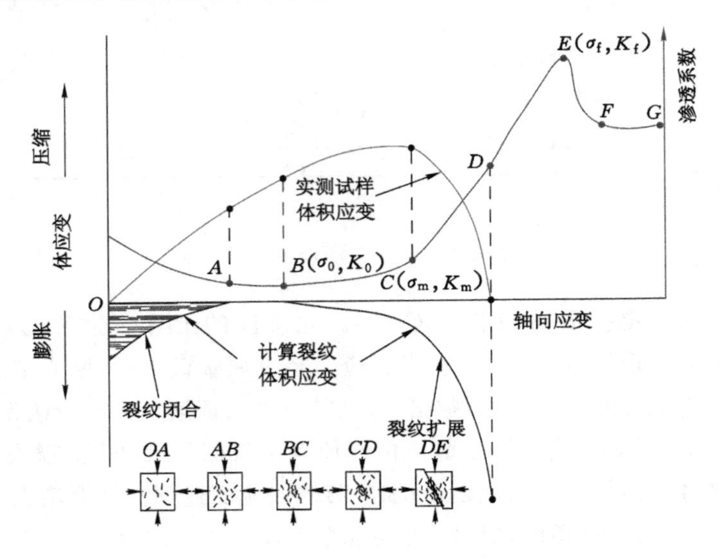

图 2-5　岩石应力-应变过程中渗透性演化

(1) 渗透系数最低点(B)

岩石在受力初期，变形以压密为主，原始孔隙率会随着岩石的压密而降低，从而导致渗透性低于(略微低于)变形前，出现岩石全应力-应变过程渗透系数最低值(K_0)，对应的应力为 σ_0。在渗透系数最低点出现之前，岩石中的渗流类型主要以孔隙或微裂隙渗流为主。在整个试验过程中，由于硬岩强度较大，孔隙性较好，受试验加载速率影响相对较小，因此硬岩在渗流过程中渗透系数最低点相对较为明显。

(2) 渗透系数突增点(C)

除全风化砂岩外其他岩石的渗透系数最低点均出现在较小的应变阶段，在渗透系数-应变关系曲线上出现渗透系数随应变快速上升的临界点，该点可定义为岩石渗透系数突增值(K_m)，相应的应力为 σ_m。此外，根据岩石变形破坏特征还可以发现，该渗透系数突增点处的应变是岩石从压密变形阶段过渡到剪裂

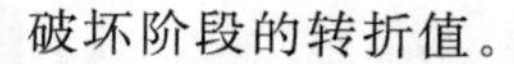

破坏阶段的转折值。

(3) 渗透系数峰值点(E)

在岩石应力-应变的软化阶段，渗透系数大多会出现峰值点，可定义该点为渗透性突变的分界点。在岩石渗透系数峰值点前阶段，渗透性随变形增大而增强；达到峰值点后，渗透性随变形增大而呈现出下降的趋势。

(4) 稳定渗透段(FG段)

岩石宏观破坏后，渗透系数出现了突降，之后随变形的增大，变化幅度相对较小，基本稳定在某一定值，在某种意义上反映出破碎岩石在残余强度阶段的渗透性，在这一阶段岩石显现出了塑性流变的特征。

2.2.3 峰前应力段的渗透系数变化

根据对图2-5的分析，大多数岩石的渗透系数在较低的应力水平下保持不变或略微下降，出现渗透系数最低点(σ_0,K_0)；之后随应力的增大渗透系数逐渐增大，且在此过程中显现出了一个明显的突变点(σ_m,K_m)，在应力-渗透系数曲线上表现为突变点前后渗透系数曲线斜率发生较大变化，导致突变点前后的渗透性相差较大，之后渗透系数随应力的变化近似呈线性关系。因此，可以将岩石在破坏前的应力-渗透系数关系分为以下三个阶段[124]：

阶段Ⅰ:$\sigma_1-\sigma_3\leqslant\sigma_0$，在此阶段岩石主要呈现出压密变形的特点，孔隙率随应力的升高而逐渐降低，渗透系数基本保持不变或略微下降。

阶段Ⅱ:$\sigma_0<\sigma_1-\sigma_3<\sigma_m$，在此阶段岩石主要呈现出剪切变形的特点，内部出现剪切张裂隙，但裂隙间的连通性相对较差，因而渗透系数虽然表现出增大的趋势，但渗透能力相对较弱。

阶段Ⅲ:$\sigma_1-\sigma_3\geqslant\sigma_m$，在此阶段岩石主要表现为剪切破坏的特点，导致岩石内部剪切裂隙相互贯通，形成裂隙连通性较好的渗流通道。

此外，对于渗透性与应力在全应力-应变试验过程中的关系还可根据峰值应力前的渗透系数与应力关系进行耦合，见图2-6和图2-7。这能最大限度地体现出二者耦合关系的连续性和变化规律。

从图2-6和图2-7所示8个岩样的主应力差-渗透系数耦合关系来看，尽管试验岩样的种类、力学性质和试验条件均有所不同，但破坏前的主应力差-渗透系数关系曲线在几何形态上具有极大的相似性，其差异主要反映在数值大小关系上。为此，通过分析可知渗透系数和主应力差之间符合玻尔兹曼函数关系：

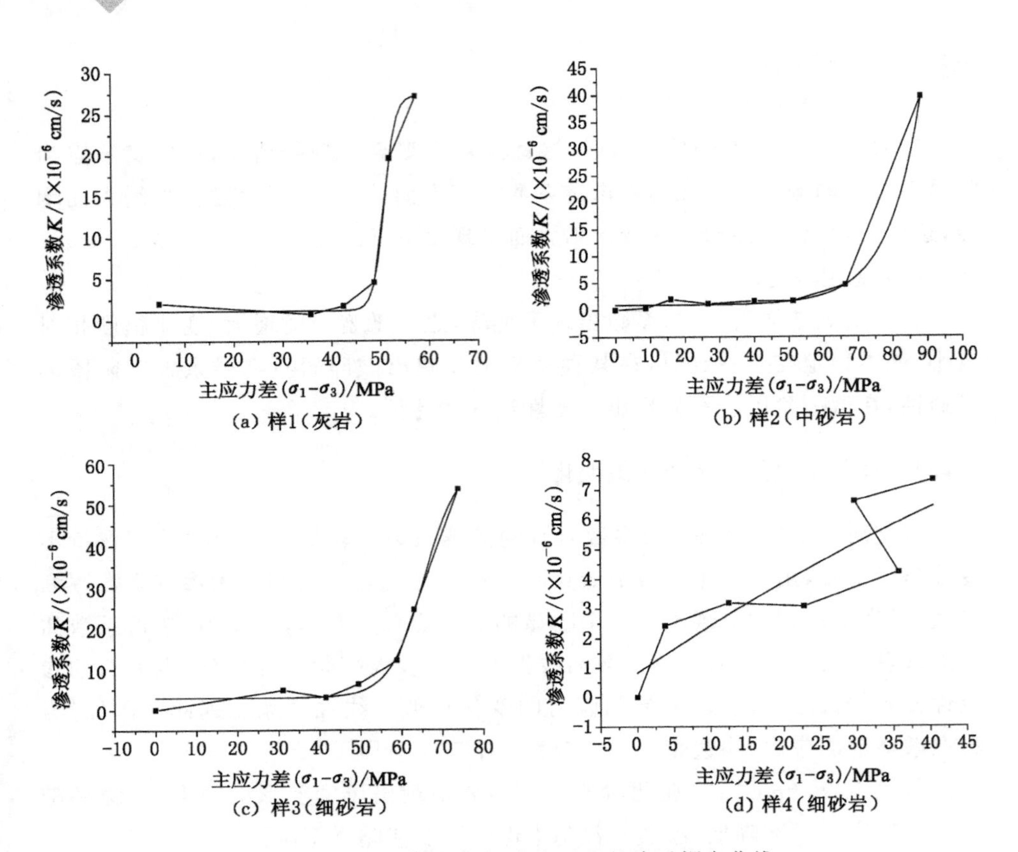

图 2-6　硬岩试样全应力-应变过程的渗透耦合曲线

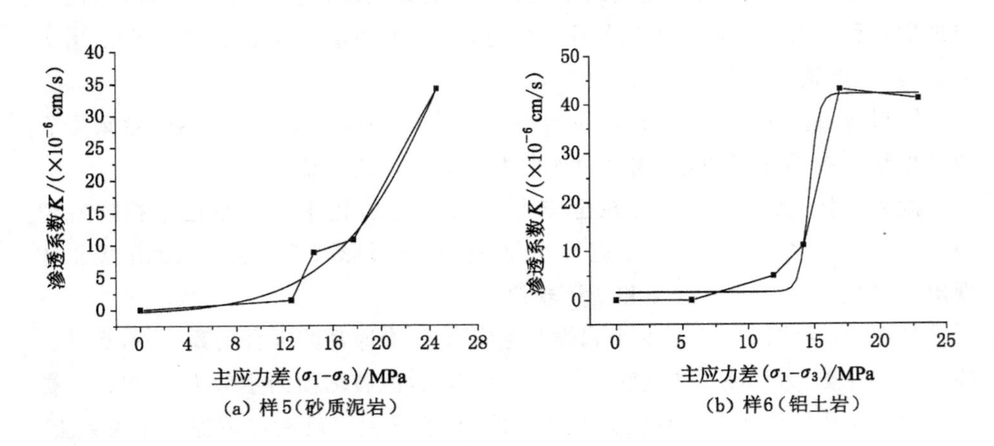

图 2-7　软岩试样全应力-应变过程的渗透耦合曲线

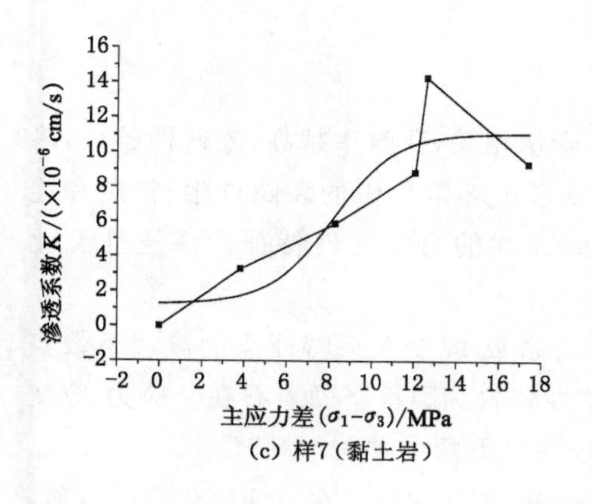

(c) 样7(黏土岩)

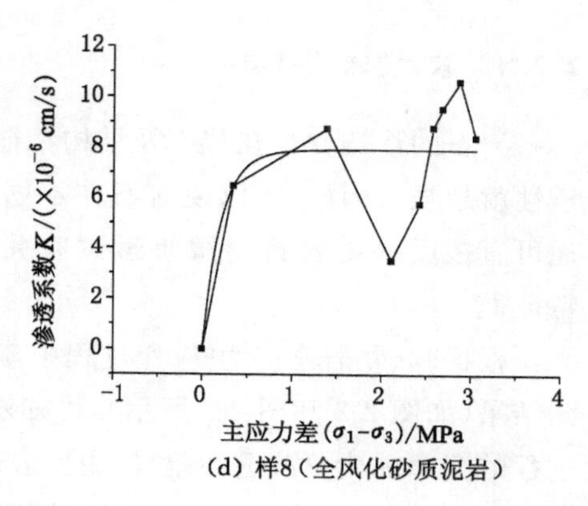

(d) 样8(全风化砂质泥岩)

图 2-7(续)

$$K = A_2 + (A_1 - A_2)/\{1 + \exp[(x - x_0)/\mathrm{d}x]\} \tag{2-2}$$

式中，$x=\sigma_1-\sigma_3$；K 为渗透系数；A_1，A_2，x_0 为待定系数，可根据耦合曲线上的特征点求出，见表 2-2。

表 2-2　岩石应力-渗透系数耦合参数

试样编号	岩性	拟合参数			相关系数
		A_1	A_2	x_0	R
样 1	灰岩	1.094 8	27.179 0	50.872 4	0.996 4
样 2	中砂岩	0.935 0	23 193.6	147.612 9	0.998 4
样 3	细砂岩	2.890 5	60.636 5	65.509 5	0.992 2
样 4	细砂岩	−4 930.64	17.814 0	−569.408 0	0.765 7
样 5	砂质泥岩	−0.645 6	81.693 0	26.144 0	0.980 5
样 6	铝土岩	1.635 2	42.135 7	14.635 6	0.991 0
样 7	黏土岩	1.243 5	11.116 6	8.169 4	0.817 9
样 8	全风化砂质泥岩	−636 644	7.915 6	−2.266 6	0.605 5

对 8 个试样的渗透性与应力关系曲线进行拟合，得出大多数试样的相关系数在 0.98 以上，拟合效果较好；只有少数试样(样 4 及样 8)的拟合结果相对较差。对于样 4，其拟合结果相对较离散的原因是受到了较高围压和孔隙水压的影响；而对于样 8，其拟合结果相对较离散的原因则是受风化影响较严重，导致其强度相对较低。

2.2.4 软、硬岩的差异

岩石的渗透性与孔隙率及结构特征密切相关，孔隙率越高，连通性越好，渗透性就越强。因此，可以说岩石在不同变形破坏阶段中的裂隙产生、扩展和连通可直接反映出岩石伺服渗透试验关系曲线的力学几何特征及渗透性变化特征[124]。

根据软、硬岩全应力-应变过程中渗透系数-应变关系特征点的渗透系数实测结果（如图 2-2 和图 2-3 所示），可知塑性软岩和脆性坚硬岩石在全应力-应变过程的变形规律及渗透性差异，主要表现在以下两个方面：

（1）从渗透系数随应变的变化特征来看，软岩和硬岩在应变软化阶段以前，变形主要呈现出剪裂变形的特点，然而变形特点及程度均存在着明显的差异。硬岩渗透性显著增强阶段一般出现在应力峰值后，也有部分出现在应力峰值前，但此种情况相对较少；而软岩经历短暂的压密后，大多在弹性变形阶段就会显现出较强的渗透性。可以说，岩石变形过程中坚硬岩石内部连通性较好的裂隙渗流网络，其形成明显晚于软岩。

（2）坚硬岩石在渗透系数达到峰值点后，随应变的降低表现出下降的特点，但下降幅度相对较小，反映出硬岩破坏后的变形以剪裂变形为主；与之相比，软岩在发生破坏后的塑性流变过程中，渗透系数较峰值点处明显降低，且随应变的减小逐步稳定在一个较小的定值范围，反映出软岩破坏后的变形以压密为主的特点。

2.3 应变转换与渗流突变

2.3.1 理论模型

（1）岩石脆性破坏重整化求解

如果将岩石材料内部存在的大量微破裂看作系统缺陷和损伤，把岩体材料划分成许多微元体，由于每个微元体所含缺陷不一样，细观微元体强度也不一样，所含缺陷越多，细观微元体强度就越小。引入统计学理论，假定这些细观微元体强度服从韦伯分布[125]，其概率分布函数可表示为：

$$P_\alpha = P(\sigma_f < \alpha\sigma) = 1 - \exp\left\{-\left[\frac{\alpha(\sigma - \sigma_\mu)}{\sigma_0}\right]^m\right\} \tag{2-3}$$

式中，P_α 为微元体破坏强度 σ_f 小于应力 $\alpha\sigma$ 时的破坏概率；α 为尺度参数，$\alpha=1$ 为微元体；σ 为微元体应力；σ_0 为微元体统计平均应力；σ_μ 为失效应力，即微元体破坏必须达到的最小应力，若微元体应力 σ 低于 σ_μ，则微元体破坏概率为 0，反之则微元体可能破坏；m 为形状参数。

工程上通常取 $\sigma_\mu=0$，则公式退化为：

$$P_\alpha = P(\sigma_f < \alpha\sigma) = 1 - \exp\left[-\left(\frac{\alpha\sigma}{\sigma_0}\right)^m\right] \tag{2-4}$$

令 $\alpha=1$，则微元体的破坏概率为

$$P_1 = P(\sigma_f < \sigma) = 1 - \exp\left[-\left(\frac{\sigma}{\sigma_0}\right)^m\right] \tag{2-5}$$

联合式(2-4)和式(2-5)，可得

$$P_\alpha = 1 - (1 - P_1)^{\alpha^m} \tag{2-6}$$

为量度因应力转移而造成的块体破裂，可采用条件概率 $P_{a,b}$ 来描述，它表示当应力$(a-b)\sigma$ 被转移到具有 $b\sigma$ 应力的未破裂块体时，块体发生破裂的概率为[126]：

$$P_{a,b} = \frac{P(b\sigma < \sigma_f < a\sigma)}{P(\sigma_f > b\sigma)} = \frac{P_a - P_b}{1 - P_b} \tag{2-7}$$

岩石材料在形成过程中所存在的环境较为复杂，长期受到地质作用，因此可以认为岩石材料是一个由大量细观单元组成的大系统。图 2-8 为一个二维

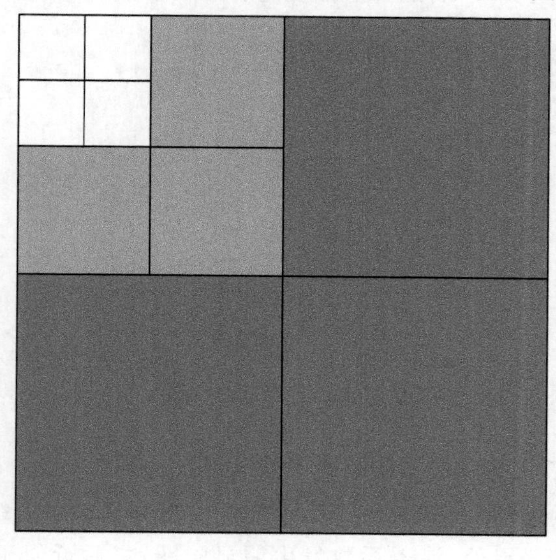

图 2-8　重整化格子模型示意图

重整化格子模型，本书利用该模型对脆性硬岩的破坏临界特征进行研究。图中显示：大单元由 4 个小格子单元组成，而且其性能具有唯一性。同样，由 4 个大单元进行组合还可以得到一个更大的格子单元。以此类推，这就是模型的重整化过程。对于含有破坏和未破坏的两个块体集团，破坏单元用 b 表示，未破坏单元用 u 表示，假设 P_1 为单元破裂的概率，$1-P_1$ 为单元未破裂的概率，则会出现 5 种破坏情况：[$bbbb$]、[$bbbu$]、[$bbuu$]、[$buuu$]、[$uuuu$]。在岩石材料的加载初期，单元很难保持相对独立，每一个单元的破坏一定会影响邻近单元的应力显现状态。也就是说，当附加应力从邻近的破坏单元块体传递到另一个未破坏的单元块体时，之前的状态将变为：[$bbbb$]、[$bbbu$]→[$bbbb$]，[$bbuu$]→[$bbbb$]、[$buuu$]→[$bbbb$]、[$uuuu$]→[$bbbb$]。不难推导出，二级块体破坏的概率为：

$$\begin{aligned} P_1^{(2)} = {} & P_1^4 + 4P_1^3(1-P_1) + 6P_1^2(1-P_1)^2 \times \\ & [P_{2,1}^2 + 2P_{2,1}(1-P_{2,1})P_{4,2}] + 4P_1(1-P_1)^3 \times \\ & \{P_{4/3,1}^3 + 3P_{4/3,1}^2 \times (1-P_{4/3,1})P_{4,4/3} + 3P_{4/3,1}(1-P_{4/3,1})^2 \times \\ & [P_{2,4/3}^2 + 2P_{2,4/3}^2(1-P_{2,4/3})P_{4,2}]\} \end{aligned} \tag{2-8}$$

由于方程求解解析解的复杂性，将式(2-6)、式(2-7)代入式(2-8)化简，利用数值迭代方法求得 m 取 1、1.5、2、3、4、5 和 10 时，系统临界破坏概率 $P^* = f(m)$分别为 0.429 3、0.228 6、0.170 7、0.115 4、0.084 9、0.067 2、0.031 3，见图 2-9。由图 2-9 可知，岩石的峰值强度随着形状参数的增大逐渐变小。

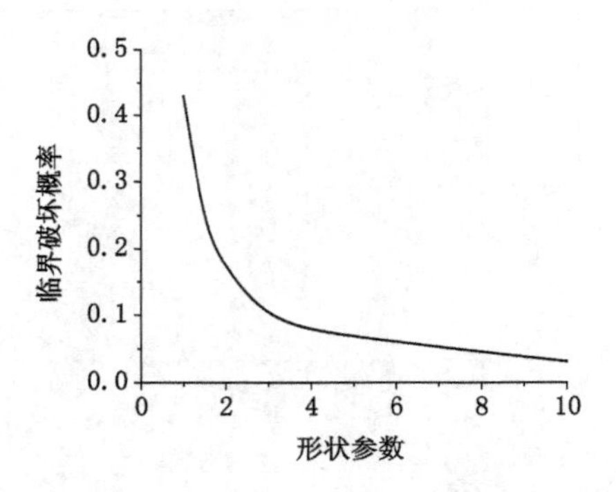

图 2-9 临界破坏概率随形状参数变化图

(2) 脆性岩石破坏机制与渗透系数演化类比分析

图 2-10 为不同岩性岩石渗透系数与体积应变间的试验曲线。由图 2-10 可知，在岩石体积膨胀点处，渗透系数发生明显阶跃，之后近似于线性急剧增加，直至峰值。由此不难看出，在岩石全应力-应变、渗透系数-应变曲线上，当岩石

所受应力达到体积膨胀点处应力值时，岩石体积逐渐从压缩转向膨胀，导致内部结构发生质的变化，贯通性裂隙渗流通道开始形成，并且使渗流类型由孔隙渗流转变为裂隙渗流，岩石渗透性与之前相比将发生显著变化，近似于线性急剧增加。

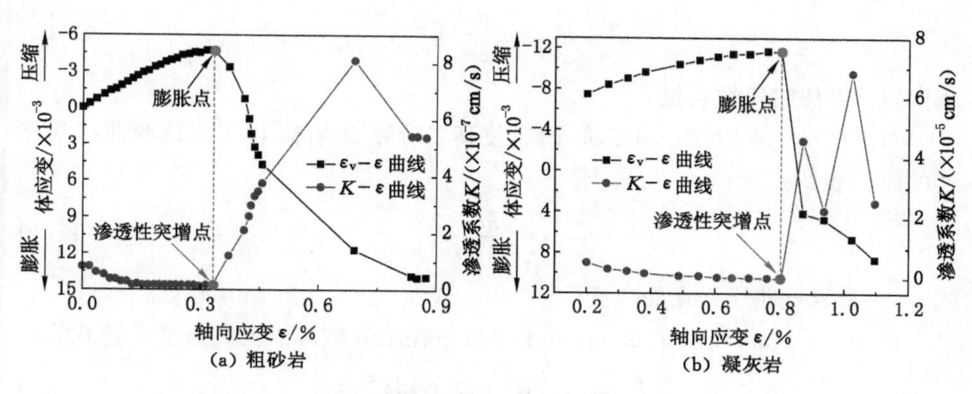

图 2-10　不同岩性岩石渗透系数与体积应变之间的关系

根据上述分析结果，结合 Z. T. Bieniawski[129]、秦四清[122-123]等的研究成果，可以推断岩石渗透系数-应变曲线中的渗透系数突增点对应岩石应力-应变曲线中的 C 点，而渗透系数峰值点对应岩石应力-应变曲线拐点处的 E 点，如图 2-11 所示。

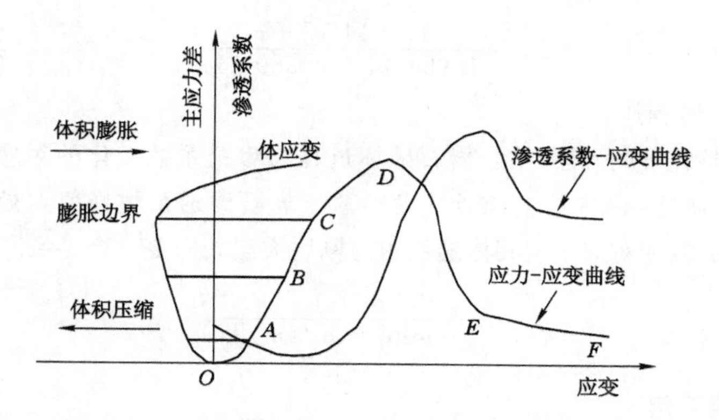

图 2-11　岩石破坏过程与渗透系数变化对应关系

(3) 临界应变准则

根据秦四清[122-123]、J. A. Hudson[125]等的研究，式(2-5)可表示为岩石应变的概率函数，即

$$P = 1 - \exp\left[-\left(\frac{\varepsilon}{\varepsilon_0}\right)^m\right] \tag{2-9}$$

式中，ε 为岩石的轴向应变，ε_0 为平均应变测度。

由式(2-9)可得到岩石应力-应变关系的本构方程为：

$$\sigma = E_0 \varepsilon \exp\left[-\left(\frac{\varepsilon}{\varepsilon_0}\right)^m\right] \tag{2-10}$$

式中，E_0 为初始弹性模量。

对式(2-10)求应变 ε 的二阶导数，使其二阶导数为零，可得出试验曲线拐点处的应变表达式为：

$$\frac{\varepsilon_f}{\varepsilon_0} = \left(\frac{m+1}{m}\right)^{\frac{1}{m}} \tag{2-11}$$

式中，ε_f 为岩石曲线拐点处应变。

将 $P^* = f(m)$ 代入式(2-9)，可得出岩石在临界破坏点处的应变表达式为：

$$\frac{\varepsilon_c}{\varepsilon_0} = \{-\ln[1 - f(m)]\}^{\frac{1}{m}} \tag{2-12}$$

式中，ε_c 为岩石在临界破坏点处的应变。

将式(2-11)和式(2-12)相比，可得

$$\frac{\varepsilon_f}{\varepsilon_c} = \left\{\frac{m+1}{-m\ln[1 - f(m)]}\right\}^{\frac{1}{m}} \tag{2-13}$$

m 可由式(2-14)计算[130-131]：

$$m = \frac{11.014\ 17 + \sigma_3}{1.966\ 44 + 0.389\ 14\sigma_3} \tag{2-14}$$

式中，σ_3 为试验围压。

根据重整化群的思想，结合岩石破坏过程与渗透系数变化的对应关系得出：岩石在应力-应变关系曲线拐点处应变对应于岩石渗透系数峰值点处应变，在临界破坏点处的应变对应于岩石渗透系数急剧增大点处应变。令 $\lambda = \varepsilon_f/\varepsilon_c$，则

$$\lambda = \left\{\frac{m+1}{-m\ln[1 - f(m)]}\right\}^{\frac{1}{m}} \tag{2-15}$$

2.3.2 应用示例

为验证脆性岩石变形与渗透系数演化的临界应变准则，选取围压为4 MPa条件下的灰岩、中砂岩和细砂岩伺服渗透试验结果进行分析，见图 2-12。试验结果显示(见表 2-3 中的样 1～样 3 岩样)：岩石峰值点处的应变和岩石临界破坏点处应变比值与式(2-15)计算结果一致。其中，ε_f 为试验峰值应变，ε_c 为试验

临界破坏点应变，$\lambda_{测}$ 为试验比值，$\lambda_{计}$ 为式(2-15)的计算值。

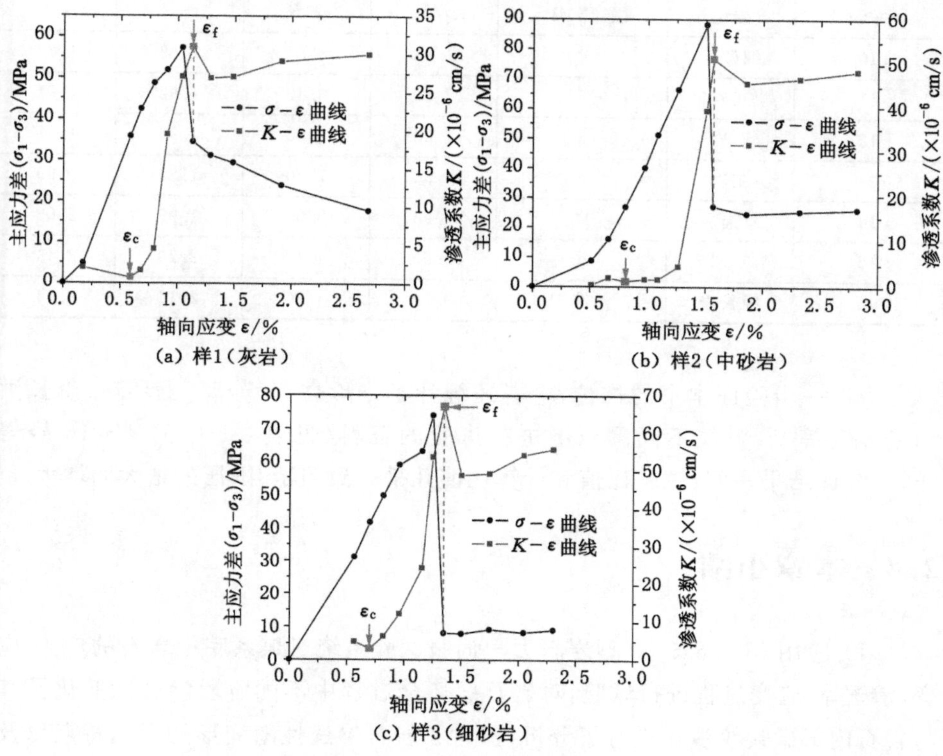

(a) 样1(灰岩)　(b) 样2(中砂岩)　(c) 样3(细砂岩)

图 2-12　岩石应力-应变、渗透系数-应变过程中的渗流突变

表 2-3　脆性岩石临界应变比值统计表

岩样编号	岩性	围压/MPa	ε_f/%	ε_c/%	$\lambda_{测}$	$\lambda_{计}$
样 1	灰岩	4	1.12	0.55	2.04	1.87
样 2	中砂岩	4	1.58	0.83	1.87	1.87
样 3	细砂岩	4	1.34	0.72	2.04	1.87
4	中砂岩	4	1.58	0.83	1.90	1.87
5	灰岩	4	1.10	0.60	1.83	1.87
6	中砂岩	4	19.80	11.10	1.78	1.87
7	细砂岩	4	18.20	9.80	1.86	1.87
8	细砂岩	4	17.20	9.20	1.87	1.87
9	中砂岩	4	2.10	1.10	1.91	1.87

表 2-3(续)

岩样编号	岩性	围压/MPa	ε_f/%	ε_c/%	$\lambda_{测}$	$\lambda_{计}$
10	细砂岩	4	1.80	0.95	1.89	1.87
11	灰岩	5	12.30	6.40	1.92	1.91
12	砂岩	5	11.20	5.90	1.90	1.91
13	灰岩	6	14.30	7.70	1.86	1.95
14	花岗岩	10	17.53	8.99	1.95	2.03
15	灰岩	20	10.60	4.80	2.20	2.14
16	闪长岩	20	9.20	4.30	2.14	2.14

为进一步验证本书的推论，笔者还统计了朱珍德、彭苏萍、王环玲、李长洪和王金安等[132-136]在不同围压下进行试验的资料(见表 2-3 中的 4～16 号岩样)。统计结果表明：试验比值和计算比值几乎一致，且随围压的增大而增大。

2.4 本章小结

(1) 应用 MTS815-02 型岩石力学伺服试验系统对煤系底板岩石的应力-应变、渗透率-应变过程进行试验，对岩石破坏全过程中不同阶段渗透性变化及其与岩石内部微裂纹演化进行了分析，探讨了岩石渗透性随变形的变化特点以及渗透系数-应变之间的关联性，得出了塑性软岩和脆性坚硬岩石在全应力-应变过程中的变形规律及渗透性差异。

(2) 根据脆性岩石的破坏机制与渗透系数的演化类比关系，结合岩石统计强度和重整化群理论，以岩石试样承载能力概率函数为理论基础，推导出脆性坚硬岩石在临界破坏点处的应变对应于岩石渗透系数急剧增大点处应变比值的表达式为：

$$\lambda=\left\{\frac{m+1}{-m\ln\left[1-f(m)\right]}\right\}^{\frac{1}{m}}$$

该比值随围压的增大而增大，能成功预测伺服渗透试验中临界破坏点处的应变。

(3) 从岩石应变渗透系数演化过程可以看出，岩石渗透性除了受围压、岩性、试件尺寸等因素的影响外，还受到岩石破坏过程中裂隙的扩展形态、贯通情况和加载速率等因素的影响。

第 3 章　底板突水力学特征及阻渗条件

据统计[1,4]，在正常沉积层序条件下，国内外煤矿发生底板严重突水事故的工程实例均极为罕见，底板突水灾害绝大多数发生于构造部位或构造作用扰动地段，特别是断层带附近或褶曲轴部，底板阻水能力薄弱，成为影响底板带压安全开采的关键因素。在构造影响地段，不但隔水关键层的厚度变薄，且结构完整性也因构造变动而受到不同程度的损害，由此导致底板的抗渗强度急剧降低；另外，构造部位较容易受采动的影响而活化，出现采动效应的放大现象，形成底板突水的通道，从而大大增加了带压开采的充水危险性，因而煤层底板带压开采的安全隐患主要集中在构造部位。为此，查清深部带压开采过程中底板构造部位的突水基本力学特征、影响因素及阻渗条件等对实现深部带压安全开采、防止底板突水事故的发生具有重要的意义。

3.1　突水基本力学特征

煤层底板断层突水实质上是煤层底板下伏承压水动力系统、导水通道系统及断层周围的围岩力学平衡系统状态因地下工程开采而发生急剧变化，储存在煤层底板下的高承压水体的能量瞬间释放，并以流体的形式高速向采掘工作面内运移的一种动力破坏现象[137]。从水岩相互作用的机理来看，底板断层突水包括两个阶段，即煤层底板下伏的高承压水的蓄势过程和突水的失稳过程，其中高承压水蓄势过程是一个相对较为漫长的地质历史过程，而突水失稳过程则是蓄势过程聚集的能量瞬间释放的形式。

3.1.1　突水蓄势过程

水、岩的长期相互作用为断层的活化突水积蓄了大量能量，在此阶段主要表现为底板承压水和水压对岩体的软化、溶蚀作用、导升作用和劈裂破坏作用等，具有较明显的时间效应。

(1) 水压对断层带的软化、溶蚀作用

煤层底板下伏岩溶水对断层带具有明显的软化和溶蚀双重作用，引起了岩体裂隙的产生和扩展，降低了岩体的强度，使岩体更易产生破坏，较为突出的是泥质岩类，随时间的增长其受岩溶水的作用越来越明显。岩石强度试验表明，水饱和岩石、原始湿度岩石和干燥岩石的强度差别较大，且含水量越大的岩石强度越低，尤其是受岩溶水溶蚀较严重的断层破碎带岩石受含水量的影响更大。此外，部分软石(如泥质岩)浸水后甚至会发生迅速崩解，导致其强度丧失。在煤层底板下伏承压水的溶蚀作用下，水饱和状态下岩石的强度与干燥状态下岩石的强度可按如下关系推导：

$$\sigma_{\mathrm{w}} = \eta k_{\mathrm{w}} \sigma_0 \quad (k_{\mathrm{w}} < 1) \tag{3-1}$$

式中，η 为岩石强度折减系数，其取值取决于岩石的溶蚀程度和突水部位的岩石含水量；k_{w} 为岩石的软化系数，其取值取决于岩石的种类。

(2) 水压对断层带岩体的导升作用

在煤层底板断层破碎带附近存在大量的天然裂隙，在静水压力作用下底板下伏承压水将会沿着这些裂隙上升至某一高度。岩石原始裂隙是导高带发展的基础，水压是外动力。设承压水挤入岩体的过程为一维流动，x 为裂缝的发展方向(见图 3-1)，令水流方向上任一点 x 处的压力为 p，则裂缝壁面上的阻力与该点的压力成正比，其比例系数为裂缝面的粗糙系数 K。因为在小单元的中点处水压力为 $p+\dfrac{\partial p}{2\partial x}\mathrm{d}x$，所以裂缝面的阻力为 $Kp+K\dfrac{\partial p}{2\partial x}\mathrm{d}x$。如果该点的宽度为 B，取单元体厚度为 1，根据水流运动定律，考虑到 θ 很小，x 方向上有：

$$\left(p+\frac{\partial p}{\partial x}\right)(B-\mathrm{d}B)-pB+2\left(p+\frac{\partial p}{2\partial x}\mathrm{d}x\right)K\,\mathrm{d}x=\left[\rho\,\frac{1}{2}(2B-\mathrm{d}B)\,\mathrm{d}x\right]\frac{\partial^2 u'}{\partial t^2} \tag{3-2}$$

式中，u'为水的流速；ρ 为水的密度。

因为地下水流速度随时间变化($\partial u/\partial t$)很小，可以忽略不计，则上式右端为零，而 $\mathrm{d}B=\theta\mathrm{d}x$，$\theta$ 为裂缝夹角，为微小量，所以，$\mathrm{d}B$ 为二阶微量。再忽略所有二阶微量后，式(3-2)变为：

$$B\frac{\partial p}{\partial x}+2pK=0 \tag{3-3}$$

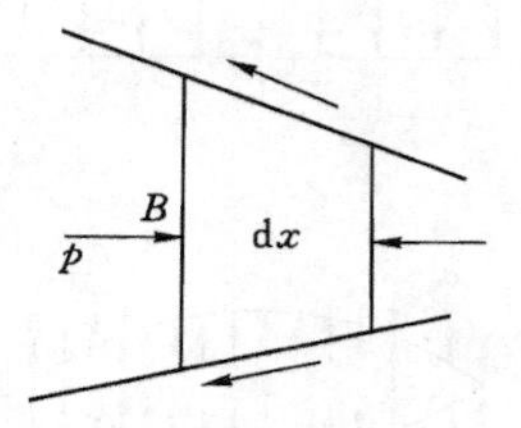

图 3-1　承压水挤入岩体力学模型[138]

解之得：

$$p = p_0 e^{Kx/B} \tag{3-4}$$

式中，p_0 为承压水开始时的静水压力。

上式即为承压水挤入岩体内部时的压力与裂缝参数的关系。从式中可以看出，水压力对岩体的影响随着其进入岩体裂缝深度及裂缝的粗糙程度的增大而逐渐减小。由此可以得出承压水挤入裂缝的深度为：

$$x = \frac{B}{K}\ln\frac{p_0}{p} \tag{3-5}$$

由式(3-5)可知，随原始水压的增大，挤入裂缝的深度不断变大；随裂缝宽度的不断变大，裂缝粗糙度相对变小，裂缝的深度则不断变大。如果当水压 p 降到 98 kPa(相当于 1 个大气压)时，认为裂缝不再继续扩展，则裂缝的发育深度为：

$$x = \frac{B}{K}(2.32 + \ln p_0) \tag{3-6}$$

一般条件下，如果取裂隙面的粗糙系数 $K=0.1$，裂隙宽度 $B=1$ mm，原始水压力 $p_0=5$ MPa，可由上式计算出裂缝的发育深度为 39.3 mm。从上述计算结果可知，如果只有单一的水压力作用，那么由水压的挤入作用而导致岩体产生的裂缝深度将会是很小的，承压水在完整底板中的导升也是有限的。但是当岩体中含有较大的构造裂隙，或工作面回采后产生导水裂隙带时，则底板下伏承压水通过裂隙进入岩层的深度将会变大。

(3) 水压对断裂带岩体的劈裂破坏作用

以单一裂隙为研究对象，裂隙内部水压力为 p，裂隙远方作用围岩应力为 σ，裂隙长度为 $2a$，如图 3-2 所示。此问题可采用 Dugdale(达格代尔)模型进行分析求解。

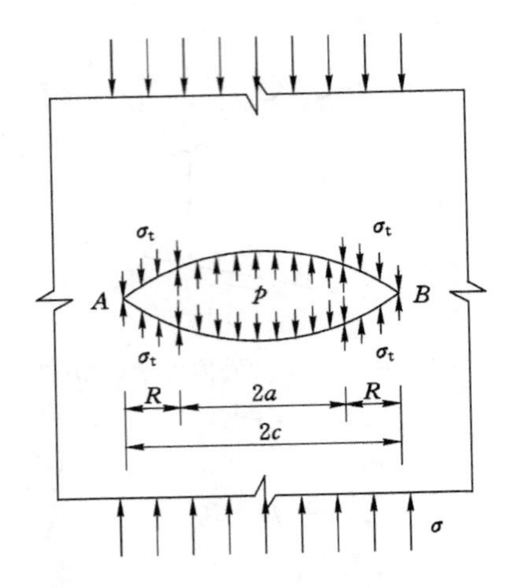

图 3-2　水压力作用下的裂隙受力模型[138]

作用于裂隙中的水压力使裂隙尖端发生扩展，而在扩展区上下两裂纹面形成均匀屈服压力 σ_t，它使得扩展区上下两面有闭合趋势。在均匀应力 $p-\sigma$ 和屈服应力 σ_t 作用下，裂隙尖端处($\pm c$)的应力不可能无限大，则该点处的应力强度因子为零。据此，可求出屈服区的宽度 R 的大小，其值为 $c-a$。裂隙尖端任意一点(A 点或 B 点)的 K_I 由两部分组成，一部分是均匀水压及围岩应力引起的 K_{I1}，由线弹性断裂力学计算可得：

$$K_{I1} = (p-\sigma)\sqrt{\pi c} \tag{3-7}$$

另一部分是在 R 上的分布力 σ_t 引起的 K_{I2}，其值为：

$$K_{I2} = \int_a^c \frac{2-c\sigma_t}{\sqrt{\pi c}} \frac{1}{\sqrt{c^2-a^2}} \mathrm{d}b = -2\sqrt{\frac{c}{\pi}}\sigma_t \arccos\frac{a}{c} \tag{3-8}$$

则裂隙尖端总的应力强度因子为：

$$K_I = K_{I1} + K_{I2} = (p-\sigma)\sqrt{\pi c} - 2\sqrt{\frac{c}{\pi}}\sigma_t \arccos\frac{a}{c} \tag{3-9}$$

由于屈服区的两个端部 A 点和 B 点的应力无奇异性，即 $K_I=0$，代入式(3-9)得：

$$(p-\sigma)\sqrt{\pi c} - 2\sqrt{\frac{c}{\pi}}\sigma_t \arccos\frac{a}{c} = 0 \tag{3-10}$$

解之得：

$$\frac{a}{c} = \cos\frac{\pi(p-\sigma)}{2\sigma_t} \tag{3-11}$$

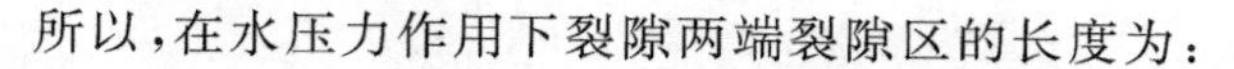

所以，在水压力作用下裂隙两端裂隙区的长度为：

$$R = c - a = a\left(\frac{c}{a} - 1\right) = a\left[\sec\frac{\pi(p \pm \sigma)}{2\sigma_t} - 1\right] \tag{3-12}$$

当围岩应力为拉应力时，式中取正号；当围岩应力为压应力时，式中取负号。

从式(3-12)可以看出，水压力作用下的裂隙劈裂长度 R 随着裂隙长度 a 的增加而增加，随水压力 p 的增大而增大。当地下围岩受拉应力作用时，对裂隙扩展较为有利，而当地下围岩受压应力作用时，则水压力需克服地下围岩的原始应力及强度后围岩裂隙才能发生扩展。

3.1.2　突水失稳过程

对于充填型断层，其突水渗流路径具有天然的通道，失稳破坏模式是相对固定的，在突水过程中能表现出某些一致性的规律现象，即岩溶水及岩溶水压对突水通道的冲刷扩径及对突水量的动力控制作用。

(1) 岩溶水对突水通道的冲刷搬运作用

岩溶水对煤层底板隔水层的冲刷搬运作用表现为突水过程中高压水流不断对通道进行冲刷，并逐渐扩大，使通道内的物质不断被冲出，形成更大的突水通道(图3-3)。

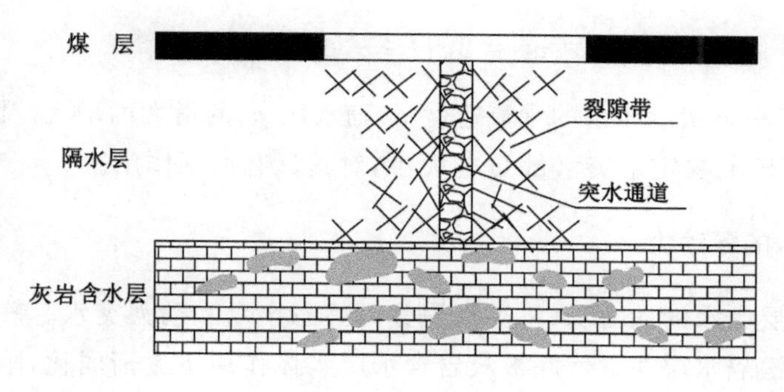

图3-3　突水模式示意图[137]

假设突水通道为管状，底板下伏承压水水头压力为 p_w，在某一时刻的突水通道直径为 d_t，突出的水量为 Q，则突水过程中的水流速度 v_t 可表示为：

$$v_t = \frac{4Q}{\pi d_t^2} \tag{3-13}$$

根据能量原理，则作用到突水通道壁上的压力 p_t 为：

$$p_t = \gamma\left(H - \frac{v_t^2}{2g}\right) = p_w - \frac{\gamma}{2g}v_t^2 \tag{3-14}$$

式中，H 为 p_w 的等效水头高度，m；γ 为水的密度，g/cm^3；g 为重力加速度，m/s^2。

对于断层带及其附近岩体，节理裂隙较为发育，假定在突水通道壁周围存在一组裂隙，当裂隙中的承压水是静态的，并与底板下伏的承压水水源相连通，则底板下伏承压水水压和作用到孔壁上的水压之间便存在一个压力差 $\Delta p = p_w - p_t = \gamma v_t^2/(2g)$。在 Δp 的作用下，应力达到断层周围围岩的强度极限时，就会断裂破坏，从而造成突水通道的扩大。

(2) 岩溶水压对突水的动力控制作用

煤层底板高承压含水层在突水前具有较高的静水头压力或动力储存，在突水后水压能完全转化为底板断层带裂隙扩展和破坏的动能，则根据伯努利方程有：

$$z_1 + \frac{p_1}{\gamma} + \frac{v_1^2}{2g} = z_2 + \frac{p_2}{\gamma} + \frac{v_2^2}{2g} + \Delta h' \tag{3-15}$$

式中，$\Delta h'$为沿程水头损失；z_1，p_1，v_1 分别为突水点处的标高、水压和水流速度，则 $p_1 = p_w$，$v_1 = 0$；z_2，p_2，v_2 分别为承压底板处的标高、水压和水流速度，则 $p_2 = 0$。假设 $z_1 = z_2$，则有：

$$v_2^2 = 2g\left(\frac{p_w}{\gamma} - \Delta h'\right) \tag{3-16}$$

显然，底板下伏承压水的水流速度 v_2 随水压 p_w的增大而增大。因此，岩溶裂隙水的水压 p_w决定了突水量 Q 的大小，对其具有控制作用。

3.1.3 突水的源动力

根据断层突水的动力源，将突水划分为静态突水和动力突水。静态突水为底板断层关键隔水层在下伏底板灰岩含水层水体作用下逐渐弱化，阻水性能不断降低，导致底板下伏承压水涌入采掘工作面发生的突水；动力突水为外界采掘扰动(矿山压力)作用下，使得断层发生错动活化释放出巨大的能量，对断层破碎带中的隔水关键层产生了强烈的冲击作用，导致煤层底板下伏高承压水瞬间冲破隔水关键层，形成渗透性较好的突水通道发生的突水。此外，静态突水多发生在充填较为密实的逆断层中，动力突水则多发生在充填较为松散的正断层中。

3.2 突水影响因素及其类型划分

3.2.1 突水发生条件

在高承压水上煤层的开采过程中，不可避免地会揭露底板断层构造，导致断层导水通道和采煤工作面采空区相连通或处于准连通状态，进一步的回采扰动会诱发底板承压水突然涌入采空区，发生突水灾害。因此，从系统论的角度来看，深部煤层高承压构造扰动底板突水的发生需满足一定的条件，即富水条件、水动力条件、抑制条件、控制条件及诱导条件。

(1) 含水层的富水条件

底板高承压含水层的富水性是决定底板突水量大小和突水是否持久的物质基础，是矿井受水害威胁的主要因素之一。岩溶含水层的富水性与含水层的岩溶发育程度、地质构造以及含水层的补给、径流和排泄条件密切相关。

(2) 突水的水动力条件

煤层在开采过程中，只有底板隔水层处于带压条件下才存在突水威胁的可能性，因而水压是煤层底板突水的基本动力。在煤层底板地质条件都基本类似的情况下，下伏高承压含水层的水头压力越高，越易克服隔水层内部结构面中充填物的阻力和摩擦力，使得下伏承压水的静储势能变为动能，加速水流在底板中的运动，并沿着软弱结构面不断上升，使之成为底板突水的水动力源之一；底板下伏承压水在动态流动条件下不断溶蚀、冲刷和破坏底板隔水岩层的结构面，降低隔水层的阻水能力，使其内部裂隙不断扩大，形成储水空间，成为煤层在开采过程中的潜在威胁。随着我国大部分矿区工作面不断延深，受底板承压水水压影响越来越大，矿井受底板水害的威胁也越来越大。

(3) 突水的抑制条件

底板隔水层是岩溶承压水突出的唯一抑制条件，是承压水上安全开采的屏障。当底板断层中的充填物胶结较密实，物理力学性质较统一、稳定时，受到采掘活动的影响后，不易发生突水；当底板断层中的充填物胶结较为松散时，其具有良好的透水能力，在下伏岩溶承压水的作用下，充填介质内部构造不断发生软化，导致强度降低，易诱发突水。隔水层对煤层底板断层突水的抑制作用除了取决于其充填的密实程度外，还取决于其岩性及组合关系。

(4) 突水的控制条件

地质构造(主要包括断裂构造、节理、裂隙等)是造成底板突水的主要控制条件。已有研究表明,大约有80%的突水与地质构造有关。地质构造的存在不仅破坏了底板隔水层的完整性,降低隔水层的强度,还缩短了煤层与对盘含水层之间的距离,甚至造成煤层底板和含水层对接,成为下伏高承压水涌入矿井的导水通道,从而发生突水事故。

(5) 突水的诱导条件

采掘活动和矿山压力是造成煤层底板断层突水的触发及诱导条件。一方面表现为井下采掘引起构造"活化",特别是断层构造的"活化",形成导水通道;另一方面表现为采动矿山压力对底板断层部位的破坏作用,形成底板断层破坏带,从而直接缩短底板隔水层的有效厚度,为突水的发生提供有利条件。

3.2.2 突水影响因素

(1) 岩石性质

对于不同成分的岩石,其力学性质也相应不同,这样就导致了不同沉积次序下含煤地层中断层带及其两盘岩体性质和水理性质存在较大的差异。在断层所处的地质条件相同的条件下,当断层两盘岩体为可溶性岩石(如白云岩、石灰岩及大理岩等)时,断层带裂隙和岩溶较为发育,导水性较强;当断层两盘岩体为非可溶性的脆性岩石(如石英岩、石英砂岩及各种深层侵入岩等)时,断层带孔隙率较大,导水性较强;当断层两盘岩体为软弱塑性岩体(如泥质页岩、泥岩、凝灰岩等)时,断层带的孔隙多被软弱的断层泥充填,使得断层带的孔隙率相对较低,导水性就相对较差,甚至不导水。

此外,断层带两盘岩层的导水性对断层带的富水性影响较大,当断层带穿过富水性较好的含水层时,断层破碎带中的储水空间可得到富水含水层的补给,使得断层带的富水性较强。

(2) 断层空间应力场特征

采掘活动不仅造成断层带附近岩体破坏,而且会使岩体局部的地应力得到释放,特别是在断层带附近,应力降幅较其他完整地段大,使得岩体空隙性增强,突水概率增大,因而对断层带空间应力场特征的研究较为重要。下面通过分析法和仪表法将断裂分为A、B、C三种不同类型进行详细阐述[139],主要是基于岩石应力状态和岩体地质构造,以及肉眼能确定的断层类型和断层影响带中岩体应力状态类型的可能性的角度,见图3-4。

① A类断裂构造

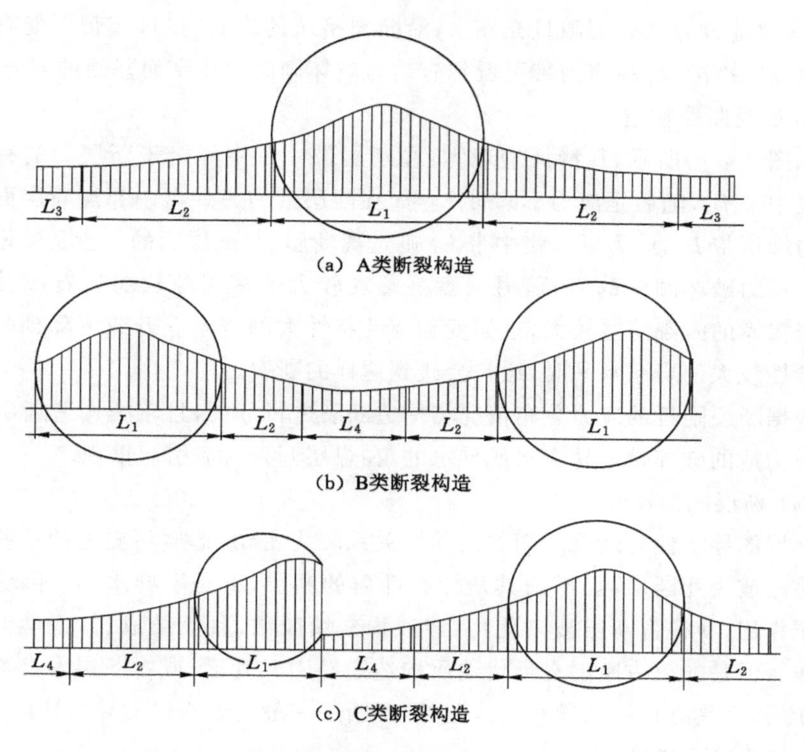

图 3-4　构造断层附近的应力分布[139]

如图 3-4(a)所示,其特征表现为:在断层面的两侧均邻接有应力升高带 L_1,随着与断层面距离的增大,应力集中程度逐渐降低,经应力过渡带 L_2,再恢复到正常的原岩应力值(应力正常带 L_3)。一般情况下,升高的应力集中带分布在断层面两侧 5～7 m 范围,此类断层带两侧的岩体较为坚硬、致密。随着与断层面距离的逐渐增大(过渡带),多出现伴生的构造裂隙,这类构造裂隙一般都狭窄,受挤压应力作用,宽度在 5 cm 以下,没有破碎带。

② B类断裂构造

如图 3-4(b)所示,其特征表现为:在断层面两侧都存在应力卸压带 L_4,卸压带分布在断层面两侧数米以内;在两侧卸压带的后面存在着应力过渡带 L_2,在过渡带区域内应力值逐渐提高;接着是应力升高的集中带 L_1,一般距离断层面 7～10 m。该类构造裂隙的发育地质特征为:在应力卸压带发育有宽为 2 m 或更大的破碎带,充填有未黏结的碎裂岩屑或较软的塑性填充料(黏土、页岩等)黏结的岩屑,可能存在裂隙强烈分割的风化岩石,裂隙宽度为 20～30 cm 或更大，有可能发育张开裂隙且充满水；沿断裂挤压的岩石，在过渡带可能有发育程度更高的裂隙，在高应力带可看到有动力破坏倾向的致密而坚硬的岩石。

③ C类断裂构造

如图3-4(c)所示，其特征表现为：在断层带一盘中邻接于断层面的有应力增高集中带 L_1，随后是应力下降带 L_2，而在断层带的另一盘中邻近断层面的却是应力卸压带 L_4，应力增高集中带 L_1 则远离断层面；断层面的一盘是致密脆性且具有动力破坏倾向的岩石，另一盘是塑性较大的多裂隙软弱岩石或破碎岩石。当揭露的断裂落差较大，且强度和弹性特性大的岩系上升或下降到强度较小和塑性较大的岩系水平时，通常会碰到这样的断裂。

根据断裂附近的应力分布情况将构造断裂进行分类，且三类构造断层中，B类断裂构造的破碎带是易含水或导水的，在煤层开采时应引起重视。

(3) 断层的活动性

断层的导水性与断层近期的活动性关系较为密切，地质历史上的一些古断层如果已成为死断层，则不论其是什么性质的断层，都是不导水的。因为漫长的地质作用，使得古断层被风化物、溶蚀物充填胶结，且固结成岩，力学性质得以加强。但是如果古断层在近代地质构造运动中又复活，或古断层本身就是一个活断层，则具有良好的导水性。此外，新断层一般比老断层的导水性好。

(4) 断层面产状

采动导水断层的导水性很大程度上取决于其活化性能，而断层的活化受到矿山压力的影响最大。由于煤层开采，因上覆岩层的运动产生的矿山压力总是垂直向下的，只有矿山压力沿着断层面产生的剪切应力大于断层面的摩擦阻力时，断层的两盘才有可能沿断层面产生相对滑动。断层的倾角越大，剪切力越大，越有利于断层的活化。当岩层与断层面夹角相对较小或近于平行时，断层的导水性相对较差，反之断层的导水性则相对较强。另外，断层落差不同，所产生断裂带的厚度也不同，因而断层的隔(阻)水性也会不同。一般来说，当断层落差较大时，隔水层厚度也可能随之增大，其阻水能力亦可能随之增大。

(5) 断层规模

断层带中的水量主要是补给水量，断层带的规模越大，断层带的宽度也越大，意味着补给范围也就越大。对于具有明显弹脆性及可溶性相对较好的岩层中产生的张性断裂来讲，断裂带的富水性和导水性相对较强，比较容易出现突水事故。当然这也不是绝对的，有些大断层破碎带挤压相对较严重，导致其充填较为致密，因而透水性相对差；而对于张开性较好的小断层，其充填较差，导

水性较好，特别是大断层附属的次生断层，受力更易分散，挤压程度相对较低，裂隙较发育，充填程度较差，由此导致其导水性较好，常常易被忽视而发生突水。例如，肥城煤田断层突水中有30%为大断层次生断层及断层组合突水。断层规模越大，对于构造岩阻水的阻水性断层来说，断层的阻水能力也就越强。

3.2.3　突水类型划分

我国对煤矿开采断层突水事故的研究，始于20世纪50年代。多数学者都基于对以往突水资料的系统分析、整理和总结，从不同的角度给出了煤层底板突水类型的划分，且划分的目的有三：一是有利于对突水事故的统计分析及对突水规律的总结；二是有利于系统深入地研究突水机理，为突水的预测预报提供理论依据；三是有利于现场工作人员采取具有针对性的防治措施[1]。由于断层往往作为划分突水类型的一个影响因素，因而专门针对断层突水类型划分的研究不多，故笔者在总结以往底板断层突水研究成果的基础上，重点结合断层的地质特征，对底板断层突水作探索性研究，典型成果如下：

王作宇和刘鸿泉[1]根据突水发生的形式和部位，将煤层底板断层突水划分为4种类型（即突发型、跳跃型、缓冲型及滞后型），并分析总结了各种断层的突水过程和发育特点，见表3-1。

表3-1　断层突水类型统计表

突水类型	突水过程及形式	断层特点
突发型	突水时，水量瞬时达到峰值，水势猛、速度快，冲击力与水压一致，水量达到峰值后持续稳定或逐渐减小	无充填断层、贯穿性断层，断层与工作面剪切带相交处居多
跳跃型	突水量跳跃式增长，有泥沙冲出，水量达到最大值需要较短时间，随后逐渐稳定，减小趋势不明显	断层充填性不好，大多为贯穿性断层
缓冲型	突水时，水量由小到大需要较长时间才能达到稳定，长者可达1～2年	充填较好的断层，临空型断层
滞后型	工作面回采数日、数月甚至数年后才发生突水，水量变化很难掌握	断层充填好的断层、临空型断层，一般在回采中隐伏存在

黎良杰等[43-44]根据采动影响程度将长壁工作面的底板断层突水划分为非采动影响导水断层突水、非采动影响裂隙渗透型突水和采动影响下断层突水三种类型。

杨新安等[56]根据断层规模和对突水的影响作用将断层突水划分为小断层破碎带突水和大断层突水两种类型。

李白英[140]根据突水与断层的关系将底板断层突水划分为断层切穿煤层突水、断层接近煤层突水和断层隐伏较远突水三种类型。

高延法等[41]在充分考虑构造与矿压的相互作用后将断层突水划分为掘进沟通断层型突水、回采影响断层型突水和回采底板破坏裂隙突水三种类型。

刘启蒙[73]根据断层的水文地质特征，结合断层的含、导水性将断层划分为含水断层突水、导水断层突水和不含导水断层突水三种类型。

以上众多学者从各自不同的侧重点给出了断层突水类型的划分结果，从不同侧面揭示了断层突水的本质特征，对煤层底板断层突水机理的研究起到了很大的作用。在突水过程中，人们关心的是突水地点与采掘的时间关系、突水通道、突水水源及突水量大小。但由于我国煤层赋存条件多样，水文地质条件复杂，采煤方法不同，突水情况差别也很大。因此，笔者在参考上述分类的基础上，结合大量典型的断层突水案例，重点考虑断层的导水特征，提出了新的断层突水分类标准，即：松散充填型断层突水、密实充填型断层突水和断续节理型断层突水。

对于松散充填型断层，大多为张性断层，该类断层大都穿切煤层和含水层，容易造成煤层和含水层之间对接，在巷道掘进初期就有可能发生突水，且突水时水量有可能瞬时达到最大量；对于密实充填型断层，大多为张性或压扭性、压性断层，该类断层在回采过程中易造成活化突水，且突水时水量由小到大，所需时间也有长有短，达到最大量时水量逐渐趋于稳定，减小的趋势不明显，与下伏承压水的含水量有关，当下伏承压水水压较小时，易造成煤层底板断层滞后突水；对于断续节理型断层，大多为隐伏、规模较小、局部完整的断层，在采掘矿山压力和底板承压水的共同作用下导致断续节理逐渐扩展，形成裂缝沟通底板承压水造成采动破坏突水，在突水过程中由于该类断层的不可预见性，因而水量变化不具有规律性。

3.3 底板阻渗条件

3.3.1 突水临界条件

从采动底板突水的力学机制角度考虑，对于一定的承压水头条件，其底板带压开采的安全性主要取决于底板的有效隔水能力，该能力与底板的岩性组合、完整程度及隔水性能等密切相关。目前国内普遍采用突水系数来反映这两个因素的对比关系，以其作为评价采动底板充水危险性的量化指标。突水系数法评价底板突水危险性的关键是如何合理确定出突水临界值，2018 年版《煤矿防治水细则》中，建议对构造扰动底板和正常块段的临界突水系数分别按0.06 MPa/m 和 0.10 MPa/m 取值。该临界突水系数建议值是基于国内早期大量矿山底板突水实例统计、分析所得到的一个经验数据，其计算公式和历史变革见表 3-2。

表 3-2　突水系数法公式的沿革

<table>
<tr><th>时期</th><th>表达式</th><th>符号说明</th><th>改进原因</th></tr>
<tr><td rowspan="3">20 世纪
60 年代前</td><td rowspan="3">$T_s = p/M$</td><td>T_s为突水系数</td><td rowspan="3">焦作水文地质会战首次发现并采用</td></tr>
<tr><td>p 为水压值(MPa)</td></tr>
<tr><td>M 为隔水层厚度(m)</td></tr>
<tr><td>20 世纪
70 年代末</td><td>$T_s = M/(M - C_p)$</td><td>C_p为矿压破坏底板深度(m)</td><td>考虑矿压活动因素</td></tr>
<tr><td rowspan="3">20 世纪
80 年代初</td><td rowspan="3">$T_s = p/(m_o - C_p)$
$= p/(\sum M_i m_i - C_p)$</td><td>m_o为等效隔水层厚度(m)</td><td rowspan="3">考虑隔水层岩石结合特点</td></tr>
<tr><td>M_i为隔水层底板各分层真厚度(m)</td></tr>
<tr><td>m_i为各分层等效厚度换算隔水性能因素系数</td></tr>
<tr><td rowspan="2">20 世纪
80 年代中期</td><td rowspan="2">$T_s = p/(M - a_1 - b_1 H')$</td><td>$a_1, b_1$ 均为待定系数</td><td rowspan="2">考虑埋藏深度在隔水层中的作用</td></tr>
<tr><td>H'为采深(m)</td></tr>
</table>

从突水系数研究的进程中可以看出，对突水系数研究的重点基本都集中在底板隔水层的力学性质和自身结构特征上，对决定突水预测成败的阈值(即突水系数临界值)的分析讨论则涉及不多。实际上，当我们把底板隔水层划分为多个带，并把突水系数的计算公式改进之后，以往建立在经验统计结果上的临界突水系数已不再适用于改进后的突水计算公式。这是因为传统经验统计结果的突水系数值是一个综合指标，不仅仅是一个数值，还反映出了底板突水的其他影响因素，将突水计算公式修正后，相应的突水系数判别指标也应做相应调整，否则二者之间将无法进行对比，也就不能作为突水预测的依据；并且统计

时采用的是 20 世纪 60 年代焦作水文地质会战时建立的经验公式 $T_s=p/M$，统计获取的 T_s 也未仔细分类筛选，这就是为什么不同矿区临界突水系数上下限差别大的原因。

3.3.2 有效隔水层厚度

对于煤层底板隔水层厚度，普遍采用煤层底板到含水层顶之间的实际距离，将煤层底板矿压破坏岩层考虑在内。根据中煤科工集团西安研究院等单位对底板隔水岩层阻水性的分析，实际上该部分岩层是不具有隔水性能的，如果仍然将其考虑在隔水层内，无疑增加了隔水层的厚度，是不合理的。此外，还考虑了隔水层中间较厚的裂隙岩溶化灰岩，根据王梦玉[141]和李金凯[142]对底板隔水岩层阻水性的分析，该部分岩层是不具有隔水性能的，其强度比值系数与等值换算系数都为零，但《煤矿安全规程》公式仍然把其考虑在有效隔水层内，无疑也增加了有效隔水层的厚度，是不合理的。

另外，煤层底板隔水层厚度是隔水层抵抗下伏含水层水压的关键因素，其厚度变化对隔水层的隔水性能有很大的影响。隔水层的厚度越大，阻水性能就越强，突水的可能性就越小。因此，在含水层水头压力、含水层富水性等条件一定的情况下，隔水层厚度对突水具有一定的制约作用，而底板岩体强度则是阻挡底板突水的主要因素之一。底板岩体的强度越高，突水的危险性越小。在评价底板岩体的阻水能力时，不能只考虑其厚度的大小和强度的高低，还要考虑其岩性组合特征。

对于部分硬岩（如砂岩及石灰岩），其抗拉及抗压强度都很高，但当其裂隙较发育时，则变成良好的透水岩层；此外，这类岩石在采掘矿山压力的作用下发生破坏后，易产生裂隙，但很难被水流冲刷扩大。对于软岩（如泥岩及页岩），虽然强度相对较低，但阻水能力较强；此外，这类岩石在受力后很容易产生塑性变形，很难形成裂隙，即便是形成裂隙，由于破裂结构中充填的碎屑物较多，裂隙的阻水能力也较好，但在高压水流的冲刷作用下裂隙很容易被扩大；另外，这类岩石在煤层采掘过程中产生采动裂隙后，经过一段时间可以闭合，恢复其阻水能力。

因此，根据上述研究结果可知，对于阻止底板突水最有利的岩性组合为：顶、底都为相对较软的岩层，中间为软硬相间的岩层。

为此，将底板有效隔水层厚度中底板矿压破坏岩层厚度剔除，即采用相对隔水层厚度，则充分考虑了矿压因素，使得底板有效隔水层的厚度计算更加准确。

相对隔水层厚度按下式计算。

$$\gamma_{\mathrm{h}} = \frac{\sum (M_i m_i) - C_{\mathrm{p}}}{p} \tag{3-17}$$

式中，M_i 为隔水层各分层厚度，m；m_i 为隔水层各分层阻(隔)水性能的等值系数(表 3-3)；p 为作用于隔水层的水柱压力，10^{-1} MPa；γ_{h} 为单位水柱压力所必要的等值隔水层厚度，简称相对隔水层厚度，m/MPa；C_{p} 为不考虑无效隔水层厚度的隔水层(岩柱)厚度，可根据矿区的具体经验确定。

表 3-3　隔水岩层隔水性能等值系数换算表

岩　性	等值系数
页岩、黏土质页岩、黏土、海相堆积的灰岩、角砾岩	1.0
没有岩溶化的灰岩、泥灰岩	1.3
砂质页岩	0.8
褐煤	0.7
砂、碎石、岩溶化的灰岩、泥沙	0.4

3.3.3　现场实测研究

3.3.3.1　完整底板阻渗性

对于完整底板岩层阻渗性的测试主要是通过现场试验和室内试验获取。表 3-4 为不同类型沉积岩层阻渗性的统计表，可以看出，煤系岩层平均阻渗强度一般为：泥岩 0.282 MPa/m、粉砂岩 0.194 MPa/m、细砂岩 0.292 MPa/m、中砂岩 0.373 MPa/m、粗砂岩 0.459 MPa/m、石灰岩 0.413 MPa/m。此外，泥岩的阻渗强度为 0.093～0.470 MPa/m，变化范围相对较大，其原因是一方面完整泥岩是良好的隔水层，起到较好的阻水作用；另一方面泥岩属于软岩，强度较低，破碎的泥岩往往降低了整个岩组的阻水性能。

表 3-4　沉积岩阻渗性统计表[143-144]

编号	岩性	单位阻渗强度/(MPa/m)	平均阻渗强度/(MPa/m)
1	泥岩	0.093～0.470	0.282
2	粉砂岩	0.194	0.194

表 3-4(续)

编号	岩性	单位阻渗强度/(MPa/m)	平均阻渗强度/(MPa/m)
3	细砂岩	0.281～0.302	0.292
4	中砂岩	0.210～0.535	0.373
5	粗砂岩	0.290～0.628	0.459
6	石灰岩	0.244～0.581	0.413

3.3.3.2 断层裂隙带阻渗性

1) 断层裂隙带的导渗性原位测定

(1) 测试方法及设备

岩层抗渗性可通过多种方法获得,如室内渗透试验、数值模拟、现场压水测试等,目前岩层抗渗性大都基于室内伺服渗透试验结果换算确定。由于室内渗透试验为岩块的渗透性测试,试验条件无法真实反映底板岩层所处的实际地质环境及岩体的结构条件,试验的围压条件、孔隙水压力与实际情况中的岩体渗流情况均有较大的差别,因此,所测试的岩块的渗透性与底板岩层的真实渗透性往往会存在较大差异。与室内试验相比,现场原位压渗试验结果能够真实反映现场地质环境、岩层结构状态条件下的抗渗性能,是揭示岩层隔水能力的最可靠方法。但由于该测试方法环节烦琐、工艺复杂,且技术要求极为严格,因此现场实测数据积累较少。

采用双孔单段压渗法对煤层底板岩层进行抗渗性测试。试验的测孔布设及结构示意图如图 3-5 所示:布设两个钻孔,其中一个钻孔压水,另一个作测渗

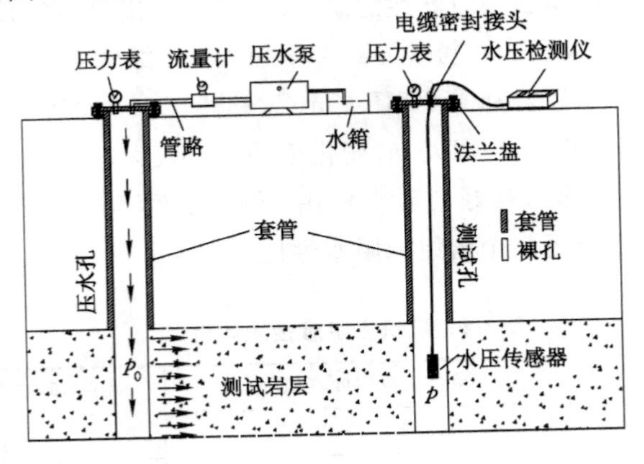

图 3-5　压渗试验测孔布设及结构示意图

孔，在测渗孔中一定深度位置布设水压传感器，并将其通过电缆与水压检测仪连接；在压水孔内接入压水泵、流量计和压力表；当钻孔钻到设计深度范围岩层后，在测试岩层以上位置安装套管，并对其进行固管、试压，之后继续钻进至压水段对其进行压水。孔口采用法兰盘密封（图 3-6）。

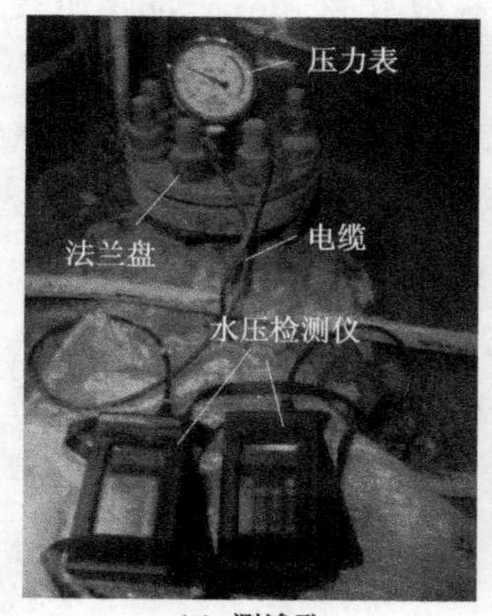

(a) 测渗孔

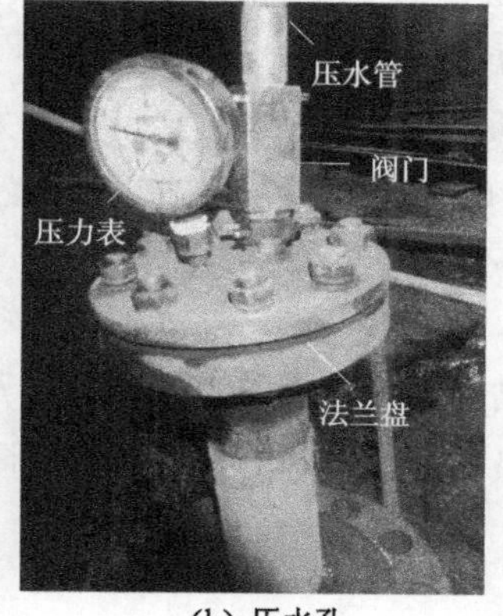

(b) 压水孔

图 3-6　测渗孔、压水孔孔口结构实景照片

测试设备包括测渗设备及压水设备两部分。

① 测渗设备

观测孔的水压通过在钻孔一定深度位置安装的水压力传感器测试获得。该测试所用的水压力探头为竖式振弦式压力传感器，见图 3-7(a)，该传感器计数精度高，测试范围可调幅度大；采用 GSJ-2A 型智能检测仪进行数据采集，见图 3-7(b)，该仪器可直接显示水压力值，并可存储和查看数值，体积小、质量轻、集成化程度高、耗电省、携带方便。另外，在测渗钻孔孔口安装水压力表，与水压力传感器协同进行水压力校核。

(a) SYGJ型水压力传感器

(b) GSJ-2A型数据采集仪

图 3-7　观测水压设备

竖式振弦式压力传感器的工作原理为：任何物质都有其固有频率，对于一根两端固定且张紧的弦，其自振频率如下式所示：

$$f = \frac{1}{2l'}\sqrt{\frac{\sigma}{\rho}} \tag{3-18}$$

式中，f 为弦的自振频率，Hz；l' 为弦的有效长度，m；σ 为弦所受张（应）力，kN/m^2；ρ 为弦的材料密度，kg/m^3。

振弦式水压力传感器的工作原理如图 3-8 所示，振弦自振频率的拾取通过激励线圈完成，一般采用的是单线圈激励方式。振弦式水压力传感器承受水压的基本计算公式如下：

$$p = K(f_0^2 - f_i^2) + C \tag{3-19}$$

式中，p 为传感器承受的水压力，kPa；f_0 为钢弦的初始频率，Hz；f_i 为钢弦张力变化后的自振频率，Hz；K 为传感器系数，kPa/Hz^2；C 为最小二乘计算常数，kPa。

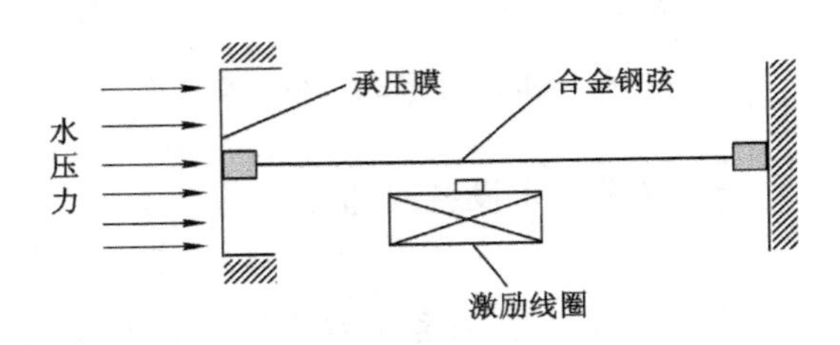

图 3-8　振弦式水压力传感器工作原理示意图

② 压水设备

压水系统包括高压注水泵、流量监测仪及稳压阀。采用 2ZBQ-3/21 高压气动压水系统，如图 3-9 所示。该系统为本质安全型，压水泵无级变速，额定泵压 22 MPa；压水管路耐压不低于 15 MPa；采用数字流量计对压水流量进行监测，采用稳压阀与压水泵无级变速调节阀协同来保证每一梯度注水压力稳定。

（2）工程概况及测孔布置

① 工程概况

现场实测选择在兴隆庄矿井底车场皮带暗斜井揭露段进行，重点测试铺子支二断层的抗渗强度及突水活化临界条件。铺子支二断层为正断层，落差 7.5 m左右，断层面倾角 66°左右，破碎带宽度 0.7 m 左右。行人暗斜井在断层

图 3-9 2ZBQ-3/21 高压气动压水泵

破碎带处距离十下灰含水层 25 m 左右。为了减小十下灰含水层对压水试验的影响，各测试孔在穿越断层破碎带处必须与其有一定的距离，见图 3-10。此外，从优化方案角度断层抗渗强度实测尽量与该断层的扰动水压监测协调进行，以最大限度减小钻探工程量。具体操作为：采用双孔法测渗技术在低压条件下对铺子支二断层带的原位抗渗能力进行测试，获取破碎带的原始抗渗性参数；之后再在高压条件下对断层带进行多次重复压渗，判断断层的活化程度。

② 测孔布置

测孔 1 及测孔 2 与下组煤行人暗斜井铺子支二断层揭露点分别相距 18.5 m 和 25 m，且测孔 1 与测孔 2 的垂直间距为 3.5 m。考虑到测试钻孔的位置可能对后期暗斜井开拓产生影响及钻机的钻进方便性，测试孔布置在斜井的底板偏左帮的部位，距左帮 0.5 m 左右。其中测孔 2 为注水孔，连接高压水泵压水；测孔 1 为测渗孔，通过孔中置入的水压传感器和孔口压力表测试压渗过程的孔中水压变化，并据此对断层抗渗性进行分析，获取断层活化评价的量化依据。测孔的技术参数如表 3-5 所列。

(3) 底板测渗岩层条件

图 3-11 为测孔 2 岩芯实物照片。根据钻孔岩芯的结构情况推断，测试部位铺子支二断层上盘的破碎带宽度在 5～8 m 范围。孔深 13 m 以浅的岩芯相对完整，RQD 为 68%左右(平均值)；超过 13 m 以后，岩芯碎裂化明显，孔深 13～16 m 范围岩芯的 RQD 不足 50%；孔深 16 m 以深的岩芯相当破碎(RQD 接近 0%)，距断层带约 5 m 开始岩层尤其断层带明显呈糜棱化结构。由此可判断出两个测试孔均设置于断层破碎带范围。

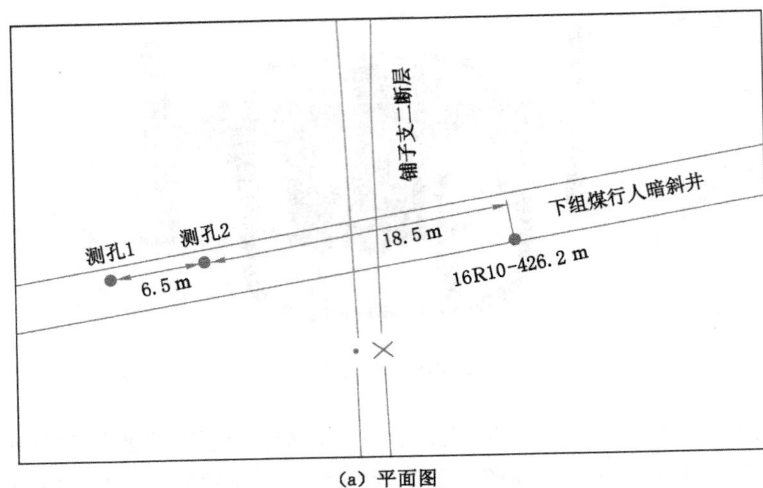

(a) 平面图

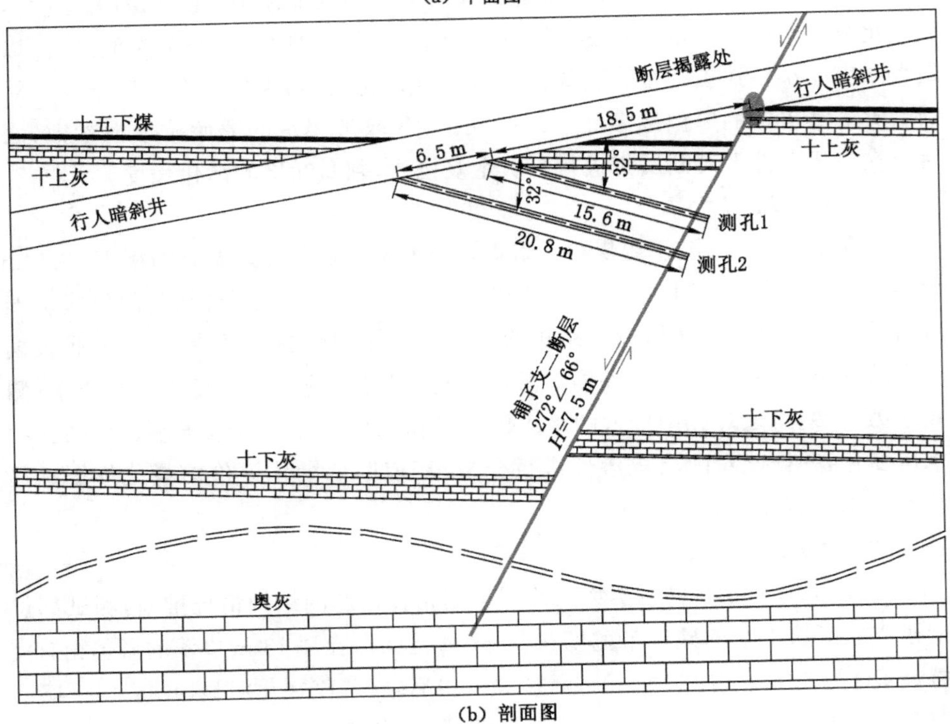

(b) 剖面图

图 3-10　断层(铺子支二断层)测试孔布设示意图

表 3-5 断层测试钻孔布置一览表

技术参数	测孔 1	测孔 2
距离测点 16R10 水平距离/m	19.7	22.9
开孔直径(mm)/深度(m)	127/9	127/11
孔口管直径(mm)/长度(m)	110/8	110/10
终孔直径/mm	89	89
钻孔方位/(°)	55	55
钻孔倾角/(°)	−80	−80
与巷道夹角/(°)	32	32
煤岩层真倾角/(°)	2	2
钻孔方向与煤岩层走向线夹角/(°)	0	0
煤岩层视倾角/(°)	0	0
孔深/m	15.6	20.8

(a) 孔深6.0~12.6 m

(b) 孔深12.6~16.8 m

(c) 孔深16.8~18.8 m

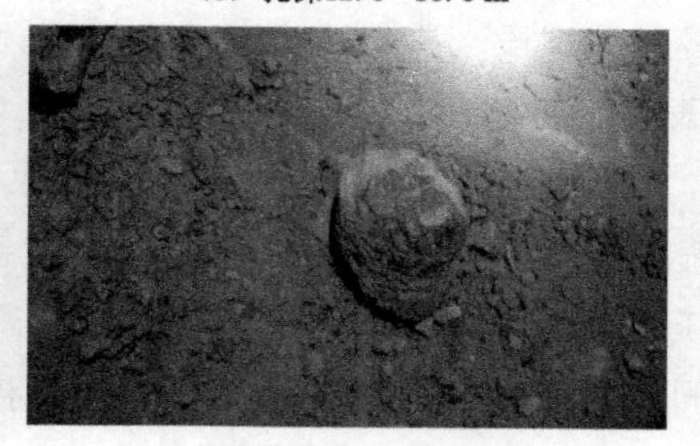
(d) 孔深18.8~21.0 m

图 3-11 测试段岩体结构实物照片

(4) 测试过程技术控制

① 测孔施工

压水孔要求全孔取芯，以准确控制测试段岩性及其组合结构。钻探过程采取清水钻进，岩芯全部采取了编录。测试孔按设计要求安装孔口管后用水泥浆进行固管，待浆液固化后，扫孔至固管深度并用压水法进行固管稳定性试验，试验压力不小于 8 MPa，并持续 20 min 以上。固管试压满足要求后再套孔钻进至试验孔深。测渗孔成孔后先安装水压传感探头，探头电缆线通过密封接头引出孔口法兰盘(见图 3-12)。法兰盘上安装水压力表与水压力传感器协同进行孔内压力测试。

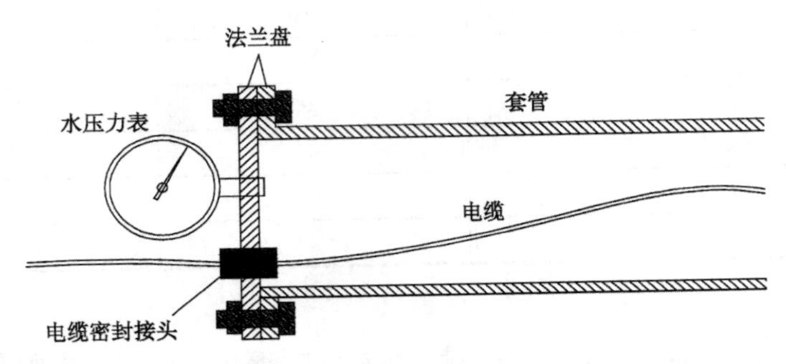

图 3-12　测渗孔孔口密封方式示意图

② 压渗试验设计

压渗试验是通过测试压渗过程的注水水压、测孔水压及压渗水量等参数的变化趋势，取得测试段岩层致裂水压、渗透阻力、导渗活化条件等对比数据。压渗试验的重点是控制测试岩层的两个渗透性节点：其一是测试岩层的起渗点，即控制测试段岩层初始状态的渗透性；其二是测试层段的稳态抗渗性，主要控制压渗通道处于导通状态的渗透性。

试验过程控制要求如下：开始采取小流量缓慢加压方式压水，将测渗孔水压显现变化作为测渗段开始导渗迹象，此时要保持注水压力相对稳定，同时观察压注水量及测渗孔水压波动情况，当测渗孔水压、压注水量与注水压力开始呈同步变化趋势时，则认为测渗段(注水孔与测渗孔之间的岩层)形成渗流，将此时的注水压力视为起渗水压；在起渗水压基础上继续提高注水压力，同时监测测渗孔水压、压注水量随注水水压变化趋势，当测渗孔水压增大到一定水平并保持相对稳定(基本不随注水增压而变化)后，则认为此时测试段渗透性达到了稳定状态，根据此时的注水压力和测渗孔水压，结合压注水量情况，可基本掌握测试段岩层的结构状态及其渗透性。

参照水压致裂法的试验要求，现场压渗试验采取重复测渗方式，即初次致裂导渗后，再重复进行多次压渗。

2）断层带岩体导渗特征

（1）压渗过程曲线

图3-13所示为兴隆庄煤矿铺子支二断层测试段的压渗过程曲线，图中可以直接反映出压渗过程压渗水量、测渗孔水压与注水压力的关联变化情况，间接确定出测试段的原始隔水性、导渗水压条件和最大抗渗能力等重要抗渗性参数。另外，压渗测试段初次压水和重复压水的过程曲线差异性较大，反映出破碎带受岩体结构特征影响非常明显的特点。

图3-13(a)为铺子支二断层测试段初次压渗过程曲线。由图可以看出，在0～70 min范围内（即压水压力从0增大至1.45 MPa范围内），压水流量由零逐渐增大至0.2 L/min，相对变化较小，而测渗水压则几乎未变，约为0.13 MPa；70～80 min范围内（即压水压力在1.45～4.60 MPa范围内），随压水压力的迅速增大，压水水量及测渗水压几乎没有变化，表明该阶段破碎带内裂隙并未连通，渗流较差，并且在破碎带内聚集了大量的能量；80～135 min范围内（即压水压力基本稳定在4.60 MPa时），随着破碎带内聚集的能量逐渐释放，压水流量快速增大，且增幅较大，而测渗水压也逐渐增大，但增幅较小；之后随着破碎带内裂隙通道的逐渐增大，压水压力略微减小，压水流量则迅速增大至最大，为28.5 L/min，而测渗水压则略微增大，分析认为是由于破碎带内原生裂隙逐渐扩展所致，此时破碎带渗流通道以原生微裂隙通道为主，渗流以微裂隙渗流为主；150 min后，随着压水压力的逐渐减小，压水流量呈同步减小的趋势，但测渗水压则未发生变化，可以看出是由于破碎带中的裂隙逐渐闭合而未及时泄压所致。由此可推断出铺子支二断层初次压渗过程中呈现出破碎带渗流阻力较大、渗流较差的特点，所反映出的渗流特征为破碎带的原始渗流特征。

图3-13(b)为铺子支二断层测试段第一次重复压渗过程曲线。由图可知，在0～16 min范围内（即压水压力从0迅速增大至4.80 MPa范围内），压水流量从零逐渐增大至5.9 L/min，变化相对较小，而测渗水压则几乎未变，约为0.15 MPa；16～36 min范围内（即压水压力在3.80～4.90 MPa范围内），压水压力出现了两个波动，可认为是破碎带内原生裂隙重新张开泄压所致，此时压水水量及测渗水压则快速增大，且增幅较大，表明破碎带内原生裂隙逐渐开启，渗流逐渐变好；35～47 min范围内（即压水压力基本稳定在4.20 MPa时），压水流量没有变化，而测渗水压略微增大，但增幅较小，可以看出破碎带内原生微

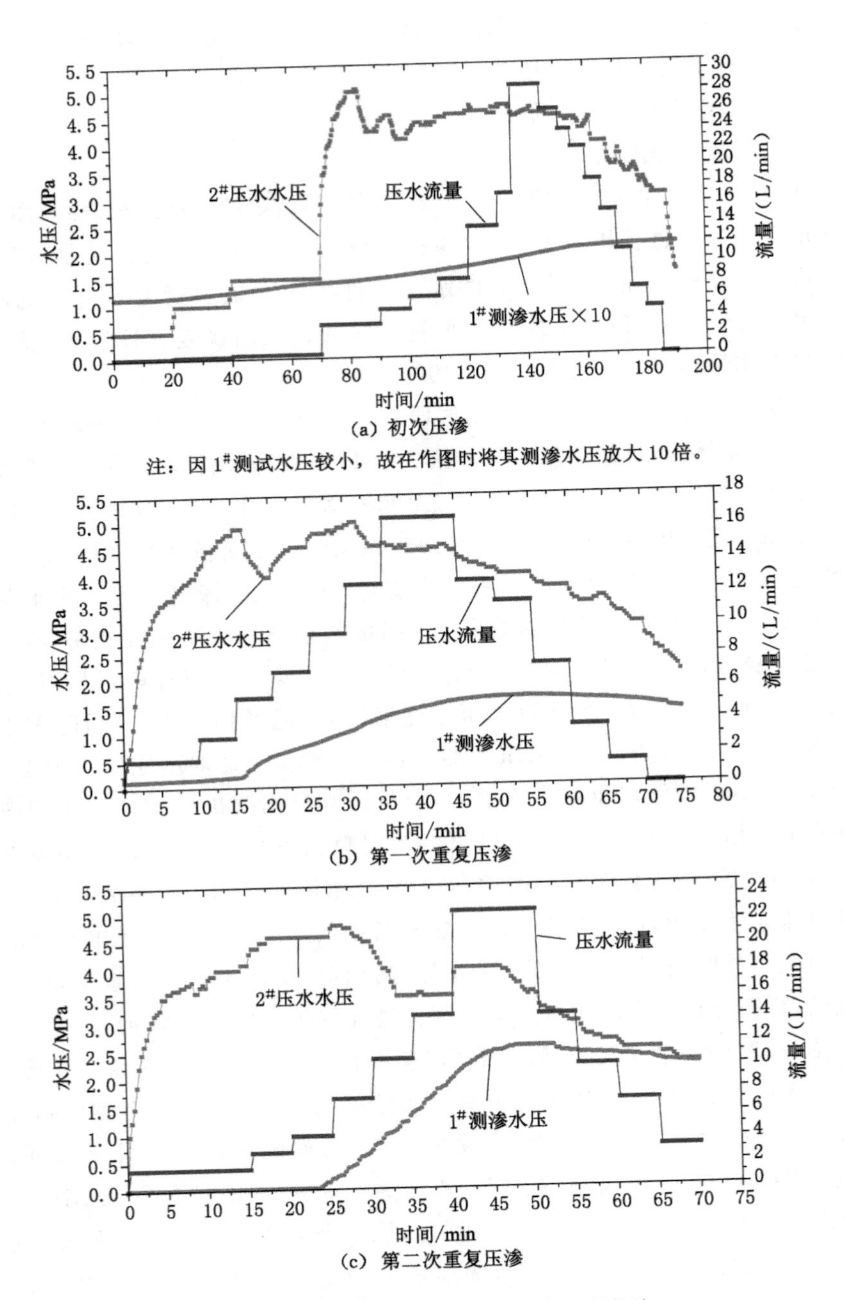

(a) 初次压渗

注：因 1#测试水压较小，故在作图时将其测渗水压放大 10倍。

(b) 第一次重复压渗

(c) 第二次重复压渗

图 3-13 铺子支二断层测试段压渗过程曲线

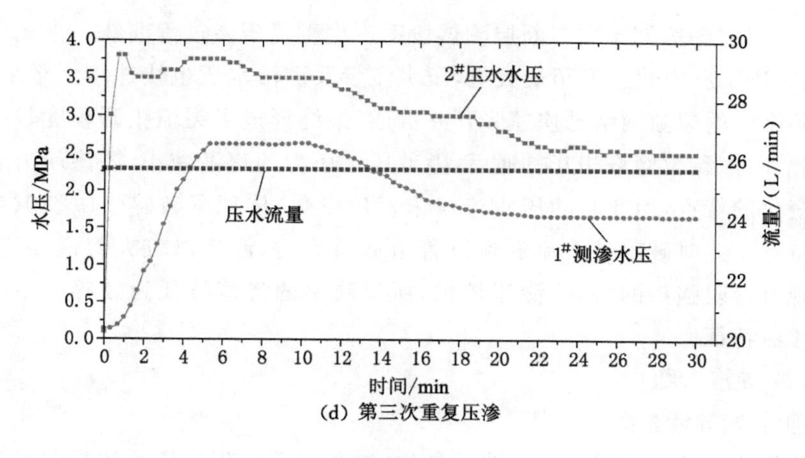

(d) 第三次重复压渗

图 3-13(续)

裂隙逐渐形成了贯通，渗流较为稳定；而随着压水压力逐渐减小后(47 min 以后)，压水流量及测渗水压随之逐渐减小，呈同步变化趋势，表明破碎带中裂隙在第一次重复压渗后呈局部闭合之势，此时破碎带渗流通道以原生裂隙通道为主，且裂隙通道张开程度较低，渗流以裂隙渗流为主，渗透阻力与初次压渗相比相对较小，渗流相对较好，所反映出的渗流特征为破碎带局部破坏后的渗流特征。

图 3-13(c)为铺子支二断层测试段第二次重复压渗过程曲线。由图可以看出，在 0～23 min 范围内(即压水压力从 0 增大至 4.50 MPa 范围内)，压水流量从零逐渐增大至 4.9 L/min，变化相对较小，而测渗水压则几乎为零；23～40 min 范围内(即压水压力在 4.50～3.50 MPa 范围内)，压水压力出现了一个降低段，而压水水量及测渗水压则快速增大至最大值，且增幅较大，分析认为是破碎带内局部裂隙扩张泄压所致；40～50 min 范围内(即压水压力突然增大至 4.00 MPa并保持稳定时)，压水流量快速增大至 23.2 L/min 并保持稳定，而测渗水压也随即迅速增大至 0.24 MPa 并保持稳定，可以看出此时破碎带中的原生裂隙已基本连通并且出现了新的裂隙，形成了较为稳定、通畅的渗流，而随着压水压力逐渐减小后(52 min 以后)，压水流量及测渗水压随之逐渐减小，呈同步变化趋势，表明破碎带中裂隙在第二次重复压渗后呈逐渐连通之势，此时破碎带渗流通道以较大的裂隙通道为主，且裂隙张开程度较大，渗流以较大裂隙渗流为主，渗透阻力与第一次重复压渗相比相对较小，渗流相对较好，所反映出的渗流特征为破碎带中新生裂隙出现后的渗流特征。

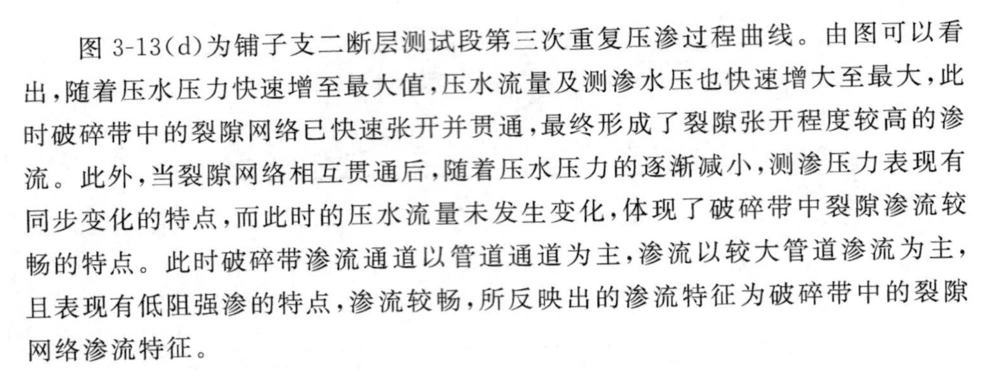

图 3-13(d)为铺子支二断层测试段第三次重复压渗过程曲线。由图可以看出，随着压水压力快速增至最大值，压水流量及测渗水压也快速增大至最大，此时破碎带中的裂隙网络已快速张开并贯通，最终形成了裂隙张开程度较高的渗流。此外，当裂隙网络相互贯通后，随着压水压力的逐渐减小，测渗压力表现有同步变化的特点，而此时的压水流量未发生变化，体现了破碎带中裂隙渗流较畅的特点。此时破碎带渗流通道以管道通道为主，渗流以较大管道渗流为主，且表现有低阻强渗的特点，渗流较畅，所反映出的渗流特征为破碎带中的裂隙网络渗流特征。

（2）导渗参数

① 起始导渗参数

为量化评价测试段的起始渗透条件，取测渗孔水压和压渗流量明显显现随注水压力同步变化的点作为起始渗透特征点(图 3-14)，将该点对应的压水压力定义为起始导渗水压 p_{w0}(简称起始导渗水压)。从渗流力学的一般意义角度，所谓导渗水压是指岩土形成导渗条件的最低压力水头；而对于压渗试验而言，起始导渗水压则对应于导致测试段岩层处于渗流状态的注水压力。在压渗过程曲线上，可以将测渗孔水压或压渗流量开始明显变化的起始点所对应的注水压力确定为起始导渗水压力，其与相应的测渗孔水压差值则对应于起始导渗状态的渗透阻力，可以作为测试段原始状态隔水性的量化依据。

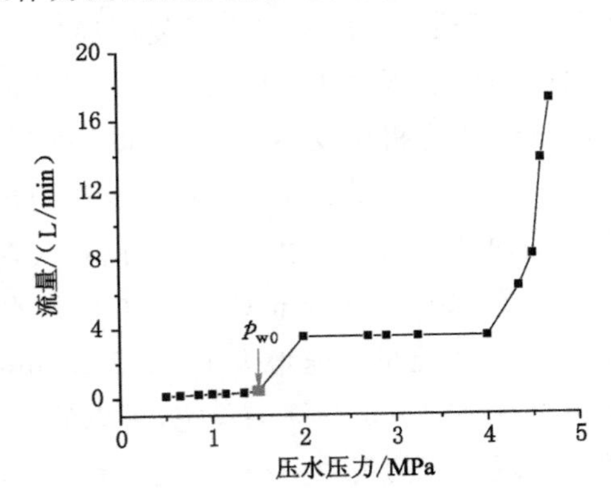

图 3-14　压渗过程的起始导渗点示意图

由此可以确定铺子支二断层带测试段的起始导渗水压力，并据其能够确定表征各测试段渗透条件的相关参数，见表 3-6。其中，抗渗阻力表征单位测试段的渗透阻力大小，其大小与水压梯度正相关。

表 3-6　实测取得的铺子支二断层带起始导渗条件参数表

实测地段	压渗水压/MPa			渗透阻力/(MPa/m)	水压梯度/(MPa/m)
	导渗水压	测孔水压	渗透压差		
铺子支二断层	1.45	0.12	1.33	0.41	0.38

从表 3-6 可以看出，铺子支二断层带原始状态条件下不导水，抗渗性相对较弱，起始导渗水压在 1.45 MPa 左右，导渗水压梯度在 0.38 MPa/m 上下，渗透阻力为 0.41 MPa/m 左右，表明断层破碎带尽管起始导渗水压较低，但仍显示较大的渗透压差（接近 1.33 MPa），反映出渗流通道以微细裂隙网络为主，由此导致渗流阻力较大、渗流不畅。

② 稳态导渗参数

在压渗试验过程中，测试段起始导渗后继续提高泵压，测试段的渗透性也随之表现出不同程度的增强趋势。但测试段所能承受的导渗水压大小很大程度取决于孔口管的耐压强度，在泵压加大到一定水平后，测试岩层导渗裂隙会在高水压下产生一定程度的压裂扩展，并直接影响孔口管封水效果。因此，在孔口管的耐压强度低于测试段抗渗破坏能力的情况下，当注水压力提高至一定水平后往往会因孔口管的承压局限而导致注水压力难以继续提高。如将起始导渗后的这一压渗过程考虑为稳态压渗，将所对应的最大稳定水压定义为稳态水压，则稳态水压与相应的测渗孔水压、压渗流量的关联特点能够反映测试段在这一压力水头下的导渗条件。

表 3-7 为铺子支二断层带测试段初次压渗过程中稳态渗流状态的导渗参数。从表 3-7 可以看出，测渗段受孔口管耐压能力所限而未形成压裂性的导渗通道，稳态渗流过程中表现出了高阻弱渗的特点；水压梯度为 1.26 MPa/m 左右，渗透阻力为 1.31 MPa/m 左右，表明测试段渗流裂隙连通程度较弱，由此导致渗透阻力较大。此外，还可以看出测渗段岩体处于稳态渗流时，并不意味着测渗段岩层就一定发生了结构性破坏，也有可能是由局部压裂损伤而导致的导通性渗流。

表 3-7　实测铺子支二断层测试段稳态渗流条件参数表

实测地段	压渗水压/MPa			渗透阻力/(MPa/m)	水压梯度/(MPa/m)
	稳态水压	测孔水压	渗透压差		
铺子支二断层	4.60	0.21	4.39	1.31	1.26

(3) 渗透压力与渗透性关系

① 渗透系数确定

从压渗试验原理角度,压渗水流以压水孔为中心由高水压区向低水压区逐步扩散,在压水孔四周形成水流扩散圈。随着压水压力的逐渐升高,压水孔周围围岩裂隙(原生裂隙和新生裂隙)逐渐向外扩展,当两孔间的围岩裂隙相互连通后,检测孔的水压将发生明显增大,同时,随着裂隙逐渐贯通,压水流量会明显变大,如图 3-15 所示。对于原位低压压渗,压渗段的渗透系数可采用巴布什金公式计算[145-147];而对于高水压或破碎岩体的压渗条件,因巴布什金公式假设条件与实际渗流条件出入太大而不适用。

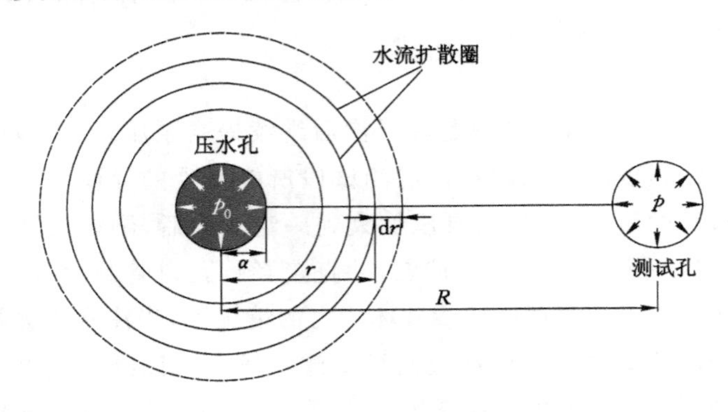

图 3-15　压水试验水流扩散分析

目前,对于岩体进行渗流分析时,大多将水流在岩体中的渗流假定为层流,但在水流压力较高或岩体较为破碎条件下,这种将岩体中的渗流看作层流考虑的观点有待于更广泛深入的研究。由于对裂隙岩体中的水流形态进行相关试验较为困难,这方面的成果相对匮乏。钱家忠等[148]通过室内试验对裂隙水流的流态进行了研究,获得了基岩裂隙水流不属于层流范畴而应属于紊流的结论;缪协兴等[100]通过对破碎岩体进行室内渗流试验研究后,得出水在破碎岩体中的渗流属于非达西流的结论。故可将裂隙岩体中水流的形态通过对比分析来推断。在高水头压力条件下,尤其是当岩体产生水力劈裂后,裂隙岩体中的水流流速将远大于低水头压力条件下的流速[149],由此可推断出在高水头压力条件下,裂隙岩体中的水流流态应属于紊流;对于破碎岩体,由于破碎岩体中的空隙较大,水流在破碎岩体中渗流时流速将远远大于完整岩体,故可将破碎岩体中的水流流态近似看作是紊流。因此,当岩体中的渗流流态为紊流时,如果在计算中再采用线性达西流进行计算,则会导致岩体内部的水头压力和流量产生较大的误差[149]。鉴于此，建议将高水头压力条件下的裂隙岩体水流流态定义为紊流。

根据以上分析，结合压水试验结果可知，在压水过程中水流可近似认为是径向流，且每一个压水阶段压力均达到稳定，故可采用如图3-16所示模型对渗透系数进行求解[150]。

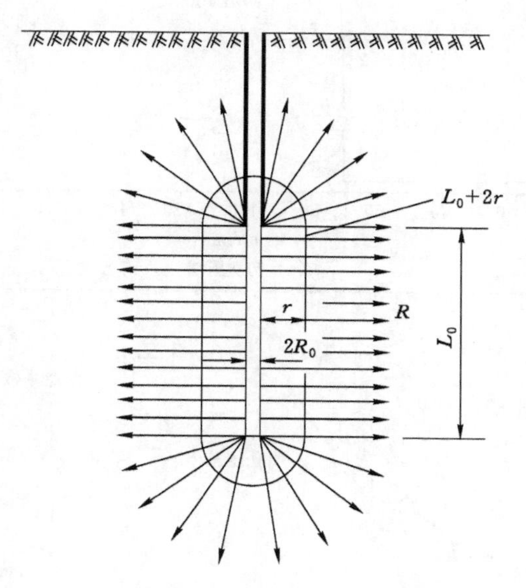

图3-16　单段压水试验渗流模型

渗透系数可按下式计算：

$$K=\frac{QL_R R\eta}{2\pi(p_R-p_{R_0})RL_0^3} \tag{3-20}$$

其中

$$\eta=4\ln\frac{2R+L_0}{2R_0+L_0}-4\ln\frac{R}{R_0}+L_0\left[\left(\frac{1}{R_0}-\frac{1}{R}\right)+\left(\frac{2}{2R_0+L_0}-\frac{2}{2R+L_0}\right)\right] \tag{3-21}$$

式中，K为岩体渗透系数，cm/s；Q为压水量，cm^3/s；p_R和p_{R_0}分别为压力检测孔和压水孔内的总压力水头，cm；L_0为压水段长度，cm；R_0为钻孔半径，cm；R为压力检测孔和压水孔之间的距离，cm；$L_R=L_0+2r$，cm。

② 渗透性分析

图3-17为铺子支二断层带测试段压渗过程的渗透性变化曲线。

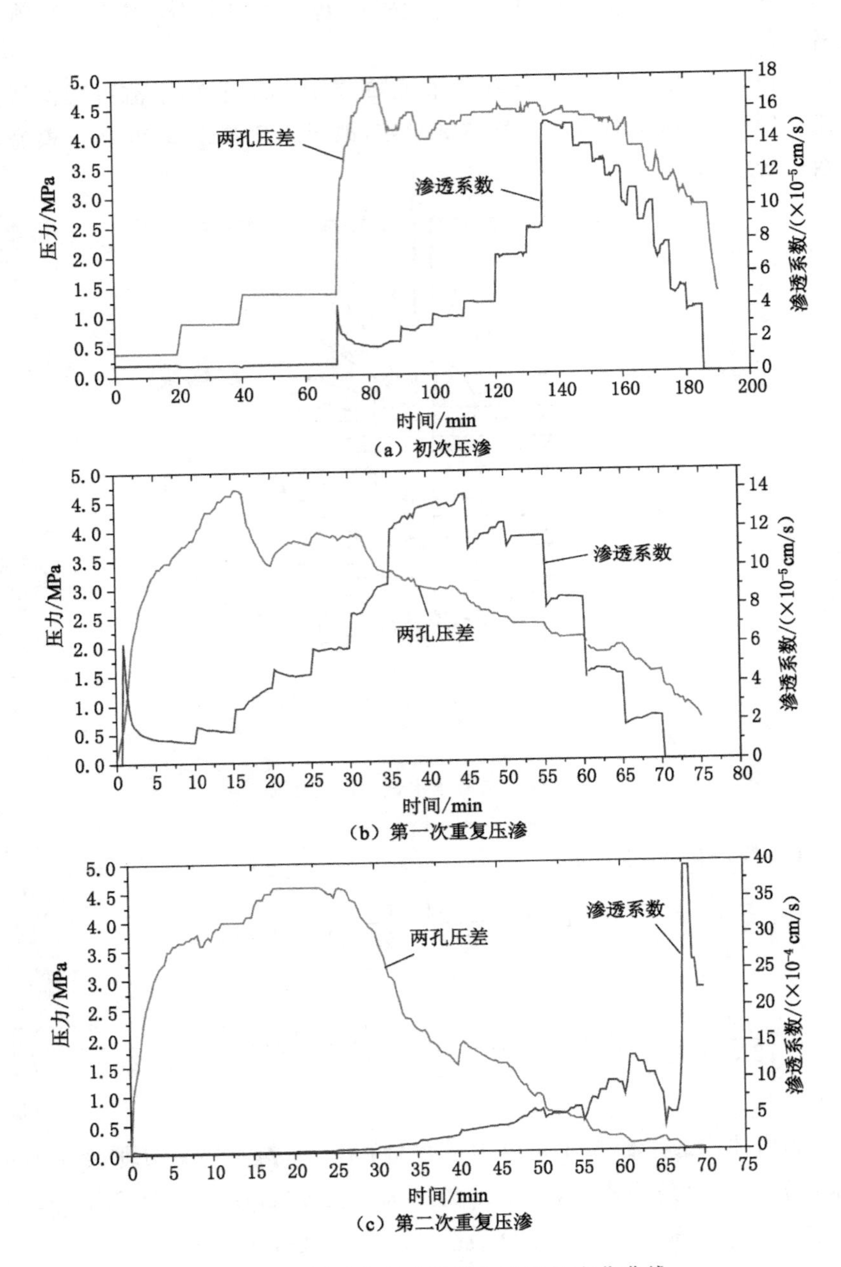

图 3-17 测试段压渗过程的渗透性变化曲线

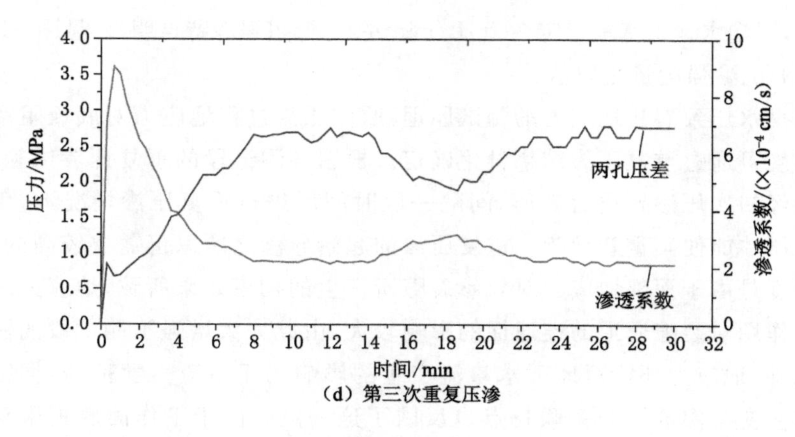

(d) 第三次重复压渗

图 3-17(续)

初次压渗反映的渗透性相对微弱，压渗过程初始阶段，1.50 MPa 渗透压差及之前的渗透系数在 1.0×10^{-5} cm/s 上下小幅波动，而后渗透性随注水压力加大急剧增强，最大达到 1.5×10^{-4} cm/s 左右，又逐渐下降至 0，见图 3-17(a)。

重复压渗过程的起渗压差相对降低，但渗透系数的波动幅度较大，并且重复压渗过程测试段的渗透性逐次增强，反映重复压渗导致了测试段比较明显的渗透破坏效应。

第一次重复压渗在压水伊始渗透性即显现较大波动，弱渗过程较短(历时约 15 min)，表明初次压渗通道在重复压渗时恢复导通，且重新导通后渗流通道的导渗性较初次压渗过程明显增强；压渗过程渗透压差随渗透系数提高而逐步降低，对应于 2.00～3.00 MPa 渗透压差的渗透系数在 0.8×10^{-4}～1.4×10^{-4} cm/s 左右，见图 3-17(b)，反映出渗流通道的导通程度较初次压渗明显提高。

与第一次重复压渗过程相比，第二次、第三次重复压渗过程导致测试段渗透性的明显变化是抗渗能力急剧降低，渗透系数大幅提高。如第二次重复压渗过程的初始阶段，对应于相近的渗透压差(4.00 MPa)，其渗透系数较第一次重复压渗提高了近 10 倍，见图 3-17(c)，表明测试段渗流通道的连通性增强，已形成了渗流优势通道。这一点可由第三次重复压渗过程的渗流特点得以体现：① 压渗伊始即显现低阻强渗特点，压渗历时不足 10 min，渗透压差即降至 1.00 MPa左右，而对应的渗透系数增至 6.0×10^{-4} cm/s 水平；② 高压渗流作用对测试段的渗透破坏迹象已经显现，与之前压渗过程的渗流形态明显不同，在稳定的水压梯度下，不但渗透系数相对稳定，在 5.0×10^{-4}～7.0×10^{-4} cm/s 范围波动，压渗水量也基本稳定在 26 L/min 左右，低阻强渗特点明显，见图3-17(d)。

(4) 抗渗强度量化取值

根据水压致裂法地应力的测试原理，原位压渗过程地应力对底板阻渗性的影响程度可通过重复压渗结果量化确定。根据各测试段的重复压渗试验结果，测试段经初次压渗导通后卸压，间隔一段时间后进行重复压渗情况下，仍需较高的水压才能使其重新导渗。重复压渗的起始导渗之所以仍需要较高的水压，很大程度是由于深部地应力对导渗裂隙所产生的拘束效果所致，地应力对裂隙的拘束作用对裂隙通道的连通性的影响较大，由此大大增强了测试段的渗透阻力。此外，地应力环境对地下水渗流产生的影响属于渗流力学范畴，伺服渗透试验的应变与渗透性的关联特点也反映了这一点。由于工作面底板采动突水多发生于底板卸载状态，与原位压渗的地应力环境差别很大，底板的地压拘束效应微乎其微。因此，如果将原位压渗试验所取得的下组煤底板导渗水压力、阻渗性及抗渗破坏强度等实测成果用于类比评价底板采动突水条件，则地应力的制约作用是不能忽略的。

关于如何确定地应力状态对地下水渗流的影响程度，目前理论上缺少量化依据，相关领域的研究成果也极为匮乏。为此，借鉴水压致裂法测试地应力的技术原理，重复压渗的导渗水压力主要消耗于测试段裂隙扩展和地应力拘束作用两方面，并将测试段裂隙扩展阻力作为岩层本身阻渗强度的量化依据用于评价采动底板岩层的抗渗透破坏能力。对于铺子支二断层，测试段处于 460 m 左右深度位置，覆岩自重应力在 11 MPa 上下(覆岩平均重度以 23 kN/m^3 计)，其拘束压力约为 4.60 MPa(构造扰动带的侧压力系数按泊松比 0.28～0.30 换算取值为 0.42)。如果以初次压渗实测结果为例，最大导渗水压为 5.10 MPa，相应的裂隙扩展阻力为 0.50 MPa；如果以第一次重复压渗实测结果为例，最大导渗水压为 5.00 MPa，相应的裂隙扩展阻力为 0.40 MPa；如果以第二次重复压渗实测结果为例，最大导渗水压为 4.90 MPa，相应的裂隙扩展阻力为 0.30 MPa；对于第三次重复压渗，由于断层带裂隙网络已经形成，所以并不需要较高的压水压力，相应的裂隙扩展阻力也就不存在。

从技术原理角度，压渗试验的测试条件和测试结果基本与水压致裂地应力测试相同，因此，上述处理方式的理论依据是充分的，由于压渗过程存在多种技术、人为因素的干扰影响，实测结果难免存在一定的误差和离散性。尽管如此，实测结果仍真实反映了底板断层带岩体的实际抗渗破坏特点。如以此作为量化采动底板断层活化阻渗强度的参考依据，则可得到如表 3-8 所列的断层带重复压渗条件下的单位阻渗强度建议值。

表 3-8　断层带重复压渗条件下的单位阻渗强度建议值

压渗次数	裂隙扩展水压/MPa	单位阻渗强度/(MPa/m)	备注
初次压渗	0.50	0.14	高阻导渗型
第一次重复压渗	0.40	0.11	
第二次重复压渗	0.30	0.09	
第三次重复压渗	—	—	低阻强渗型

从表 3-8 可以看出，断层带岩体经过初次压水、第一次重复压水及第二次重复压水后，单位阻渗强度由 0.14 MPa/m 降低到 0.09 MPa/m，但是断层带岩体并未形成裂隙网络，渗流类型为高阻导渗型；但经过第三次重复压水后，断层带岩体的裂隙基本贯通，渗流阻力较小，渗流类型为低阻强渗型。

基于上述分析，从安全角度考虑确定构造扰动部位底板采动活化的临界抗渗强度值为 0.09 MPa/m。

3.3.4　阻渗性评价方法

从铺子支二断层实际压渗测试结果来看，《煤矿防治水规定》推荐的底板断层突水系数临界值与现场断层带岩体压渗试验所得出的抗渗阻力相比过于保守。铺子支二断层经过前三次高压压渗后，至第三次重复压渗时，表现出了明显的渗透破坏迹象，水压梯度和压渗水量趋于稳态，二者分别稳定在 0.23 MPa/m 和 26 L/min 上下，对应的渗流阻力为 0.71 MPa/m，见图 3-17(d)，可以认为已基本具备低阻强渗状态的突水通道条件。另外，对比四次压渗试验结果，构造部位测试段重复压水条件下的抗渗阻力差异比较明显，其主要原因是断层带岩体结构状态在重复高压压水的作用下，经过四次压水发生了疲劳破坏，最终在第三次重复压水后形成了稳定的渗流通道。因此，可以将第二次重复压水后的阻水参数作为评价断层活化的标志，选取 0.09 MPa/m 为构造扰动部位底板采动活化临界突水系数。

从物理意义角度，突水系数反映的是底板岩层阻水能力与充水含水层水头压力的对比关系。鉴于伺服渗透试验、现场压渗试验所反映的断层带岩体破坏后低阻弱渗特点，可将破碎带岩体阻渗强度看作是临界突水系数的组成要素。另外采动底板阻渗能力评价方法所考虑的构造扰动底板阻渗层不但包括具有

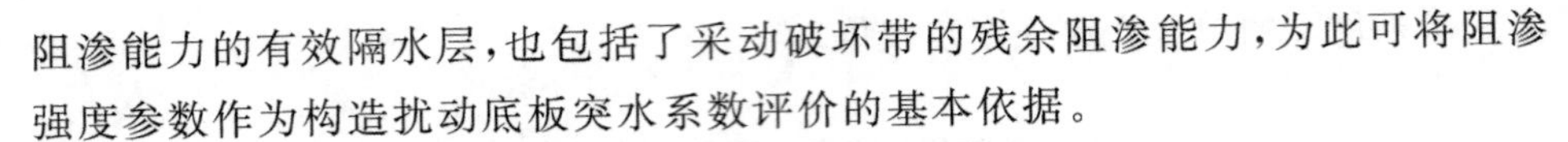

阻渗能力的有效隔水层，也包括了采动破坏带的残余阻渗能力，为此可将阻渗强度参数作为构造扰动底板突水系数评价的基本依据。

（1）评价模型

选取岩体的抗渗强度 p_{m} 作为断层带岩体的实际阻渗能力评价参数，其物理意义为：煤层与底板充水含水层间隔的岩层所具有的阻水抗压能力，单位为MPa，具体表达式为：

$$p_{m}=\sum(p_{0i}h_{i}) \tag{3-22}$$

其中，h_{i}为第 i 层段岩层厚度，m；p_{0i}为 i 层段的单位厚度所具有的抗渗强度（即平均抗渗强度），MPa/m，其大小主要受岩性及结构状态影响，可通过式（3-23）确定。

① 阻水岩层厚度 h

煤层底板阻水岩层厚度是指开采煤层与充水含水层间隔层段厚度，对于区域性含水层，可忽略其隔水性；构造破碎带（或采动破坏带）可作为一个层段，其厚度可根据相近地质条件工作面的实测数据类比确定，或依据相关开采条件参数通过底板破坏厚度预测模型确定；原始导升高度则主要依据钻探揭露资料分析确定。

② 平均抗渗强度 p_{0i}

底板平均抗渗强度 p_{0i}依据底板隔水层的结构条件分层段确定（以钻探资料为依据）。基于室内伺服渗透试验过程中的渗透性演化特点，提出根据岩层结构类型或裂隙发育程度对阻渗能力量化赋值的方法：

$$p_{0i}=\alpha_{i}\frac{(p_{wi}-\bar{\gamma}H_{i}\lambda_{i})}{M_{i}} \tag{3-23}$$

式中，p_{wi}为第 i 分层最大导渗水压力，MPa；λ_{i}为第 i 分层侧压力系数；$\bar{\gamma}$ 为第 i 分层覆岩的平均重力密度，kN/m^3；H_{i}为第 i 分层覆岩厚度，m；M_{i}为第 i 分层厚度，m；α_{i}为结构效应折减系数，取值主要考虑结构类型和裂隙发育程度。

p_{wi}、λ_{i}一般可分别通过现场原位压渗和室内试验取得，p_{wi}如没有实测数据，则可以依据原位压渗实测结果类比确定；M_{i}的划分确定主要依据其结构状态；鉴于华北型煤田太原组煤系底板的岩层结构特点，参考目前岩体结构类型划分观点，将构造扰动底板岩层结构类型划分为采动破坏带及原始状态不导水的构造破碎带两类，并结合裂隙发育程度对结构效应折减系数 α_{i}进行取值，建议参考值见表 3-9。

表 3-9　岩层阻渗能力的结构效应折减系数 α_i 建议参考值

结构条件	构造破碎带	采动破坏带
RQD/%	50～25	<25
折减系数 α_i	0.8	0.4

注：构造破碎带原始状态下不导渗。

表 3-10 为不同结构类型底板对应的平均抗渗强度，它主要是根据兴隆庄煤矿铺子支二断层现场的实测阻渗强度并结合表 3-9 的折减系数进行取值的。考虑到华北型煤田的沉积环境具有一定的相似性，太原组煤系岩层的岩性及其组合结构具有可比性，因此，该值对于其他相近条件矿区的底板岩层抗渗性评价也具有重要的参考价值。

表 3-10　不同结构类型底板平均抗渗强度

结构类型	量化指标 RQD/%	定性特征/钻探揭露	平均抗渗强度/(MPa/m)
构造破碎带	25～50	原始状态不导渗	0.07
采动破坏带	<25	结构性破坏，初始状态导渗	0.04

(2) 评价流程

底板阻渗能力评价流程如图 3-18 所示。首先确定底板有效隔水层厚度，然后根据钻孔揭露的岩层结构条件统计分层段厚度，并按表 3-10 给单位抗渗强度赋值，最后按 p_m 计算公式确定底板阻渗能力。

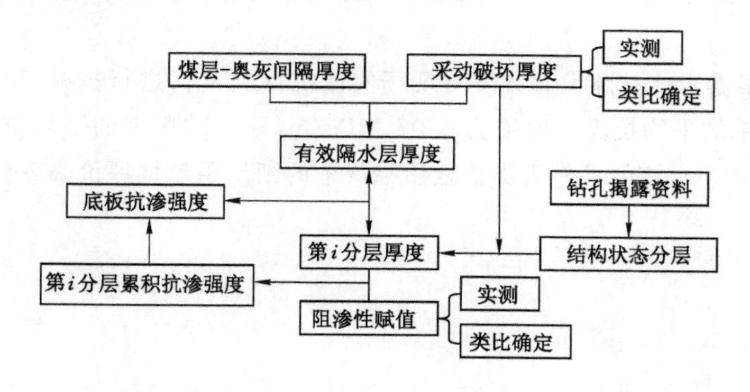

图 3-18　底板阻渗能力评价流程图

3.4 本章小结

(1) 根据断层突水的力学共性特征将突水划分为突水蓄势与突水失稳两个过程，其中突水蓄势过程主要表现为底板承压岩溶水及水压对断层带岩体的软化溶蚀、导升和劈裂破坏作用，具有较明显的时间效应；突水失稳过程主要表现为岩溶水及水压对突水通道的冲刷扩径和突水量的动力控制作用。

(2) 在系统总结前人研究及大量突水资料的基础上，重点分析深部高承压水上开采断层突水灾变特征，根据断层突水发生机制的不同将突水源动力划分为静态突水源动力和动力突水源动力两类，从突水发生主控条件及影响因素等方面将断层突水的类型划分为松散充填型断层突水、密实充填型断层突水及断续节理型断层突水。

(3) 通过对完整底板岩层阻渗性进行测试，获得了不同沉积条件下的岩层平均阻渗强度：泥岩 0.282 MPa/m、粉砂岩 0.194 MPa/m、细砂岩 0.292 MPa/m、中砂岩 0.373 MPa/m、粗砂岩 0.459 MPa/m、石灰岩 0.413 MPa/m。

(4) 以铺子支二断层带为背景进行原位压渗，提出了评价断层阻渗性的起始导渗参数和稳态导渗参数的概念，取得构造扰动部位底板采动活化的临界抗渗强度值。

(5) 基于现场实测结果，提出了一种评价断层带岩体采动活化阻渗条件的方法，该方法考虑了隔水岩层的隔水性、破坏后的残余阻渗能力、厚度及结构特征等因素，能更为真实地反映现场断层突水的实际条件及突水通道的形成演化过程。

(6) 根据岩体裂隙发育程度对现场实测抗渗强度值进行折减，得出了断层构造破碎带的平均抗渗强度值为 0.07 MPa/m，采动破坏带的平均抗渗强度值为0.04 MPa/m，该值可作为类似地质条件下的断层阻渗性评价临界值。

第4章　底板突水通道的形成及机制

高承压含水层上开采是近年来我国东部矿区所面临的复杂地质条件下的特殊开采问题，尤其是部分受构造影响较大的矿区。随着浅部资源量的逐渐枯竭，煤层开采逐渐向深部延伸，面临的下伏底板高承压水害的威胁也越来越大，一旦采掘发生突水事故，将会给矿井生产造成巨大的损失。通过对现场大量突水事故的调查和分析发现，底板突水事故的发生受突水通道形成过程所控制，可以说，突水通道的形成在地质结构上为底板的突水发生创造了条件，因此可以把突水通道看作是控制底板突水的本质原因。笔者在第2章中对煤层底板下部岩层的渗透特性进行了研究，其结果对于了解煤层底板隔水岩层的渗流行为，特别是非线性行为，指导煤层水害防治具有重要的意义；在第3章中对底板突水的基本力学特征、影响因素及阻渗条件进行了研究，提出了构造扰动底板突水的评价方法及量化取值。但是，对于渗流过程中破碎带产生渗透破坏后，岩石颗粒迁移引发的孔隙率和渗透性变化的现象尚未得到足够的重视。因此，本章以华北型煤矿底板突水通道类型入手，通过室内模拟试验，结合现场压渗试验结果，分析断层破碎带渗透破坏后，断层带中充填物颗粒迁移引起的孔隙率、渗透特性的变化关系，揭示高承压水作用下的断层活化渗流突变规律及突水通道的形成机制，为矿井断层突水防治提供了实验依据。

4.1　突水通道概念

煤层底板高承压水体的存在及突水通道的形成是承压含水层上开采突水事故形成的控制因素。在突水通道存在情况下，底板高承压水的水力边界条件发生了改变，使得原有的隔水边界突然变为临空面，在通道处的瞬时水力坡度急剧变化，致使煤层底板承压水以极快的速度涌入采掘工作面造成突水。此外，突水通道在突水过程中是可供直接观察的最后环节，其形成决定了突水的发生，形状大小决定着突水水量的变化，因此可将突水通道定义为连接突水工作面和含水层之间的纽带，其受制于岩体的性质、空间受力及采掘扰动程度等（图 4-1）。

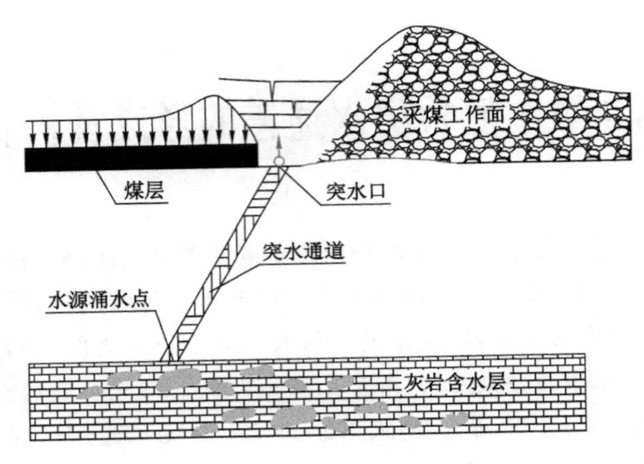

图 4-1　突水通道示意图

突水通道所在岩体在突水前控制着突水的最终发生，突水后突水通道又直接控制着突水口的实际突水量[151]。因此，在突水体系中这一段突水通道，虽然较短，但对于突水有着重要的意义。另外，突水通道的可能形式较多，常见的是相对隔水层被突破而形成的突水通道。为此可假定突水通道是一个四周都受限的管状物，对于突水工作面来说，突水通道的近端是突水口，它的远端是水源涌水点，水源涌水点就是突水通道与突水水源的分界点（图 4-1）。当然，在实际突水过程中突水通道的形状不像假设中的那样简单，但是其形状上的差异并不是影响突水动态的主导因素。

4.2　底板突水通道类型

4.2.1　完整底板突水通道类型

完整底板突水通道可划分为两种类型，一种是薄底板隔水层整体破坏后形成的突水通道，另一种是厚底板隔水层在下伏承压水及采掘扰动作用下形成的突水通道，见图 4-2。

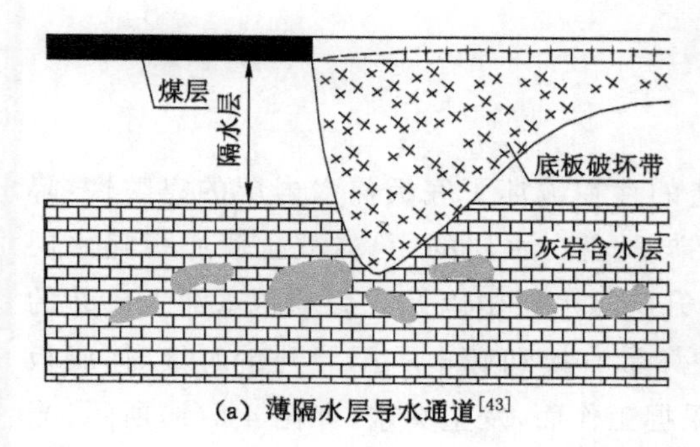

(a) 薄隔水层导水通道[43]

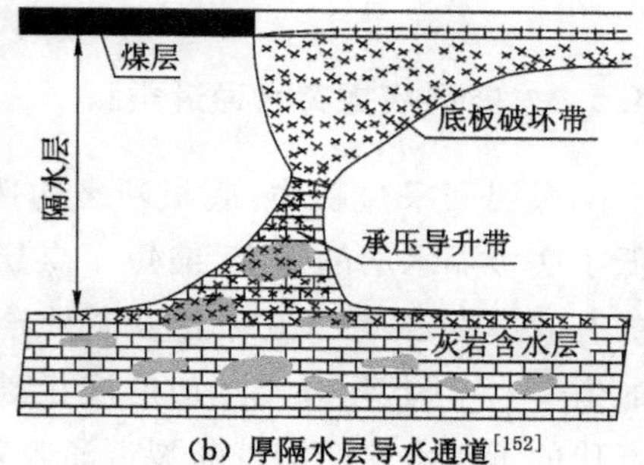

(b) 厚隔水层导水通道[152]

图 4-2　完整底板突水模式示意图

这两种完整底板突水通道，前一种是受人为采掘活动影响形成的薄隔水层整体破坏，沟通了采掘工作面与下伏承压含水层，此类通道形成的范围和导通程度与采掘扰动岩体本身的强度和底板岩层结构等因素相关，见图 4-2(a)；后一种具有一定厚度，一般情况下能够保证不发生底板突水，但由于底板岩层结构中大量原生裂隙及采动裂隙的存在，使得承压水向上导升而突水，整体表现为厚隔水层的水力压裂导升破坏，见图 4-2(b)。

此外，从底板隔水层的受力破坏形式来看，地下煤层开采后，如若底板隔水层较薄，可将采空区四周一定范围内隔水岩层看作是四周固定支撑的薄型板，在原岩应力及地下水水压力双重作用下，因底板的极限弯矩较小，之后形成"OX 形"破坏而发生突水，见图 4-3。对于隔水层相对较厚且较完整的煤层底板，正常情况下隔水层的强度均比较大，足够抵抗底板下伏承压水对隔水层的剪切破坏，确保底板不发生突水事故，但实际上在岩石内部均存在一些缺陷(如裂隙或者空洞)，由此导致绝大多数突水并不是由隔水岩层的整体破坏而引起，而是煤层底板下伏承压水在断裂带或隐伏构造带中的递进导升而形成的，见图 4-4。

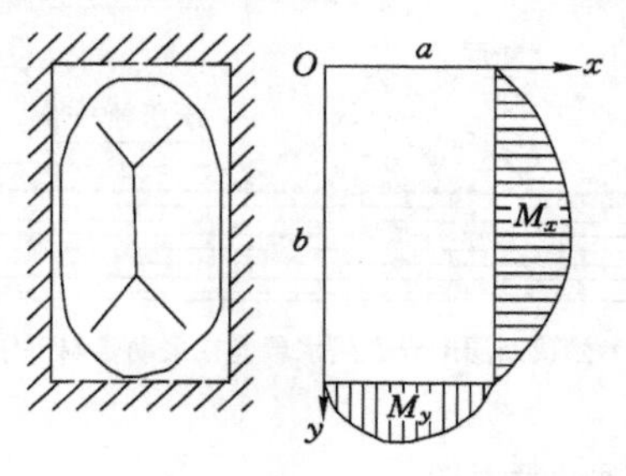

图 4-3　薄隔水层破坏形式

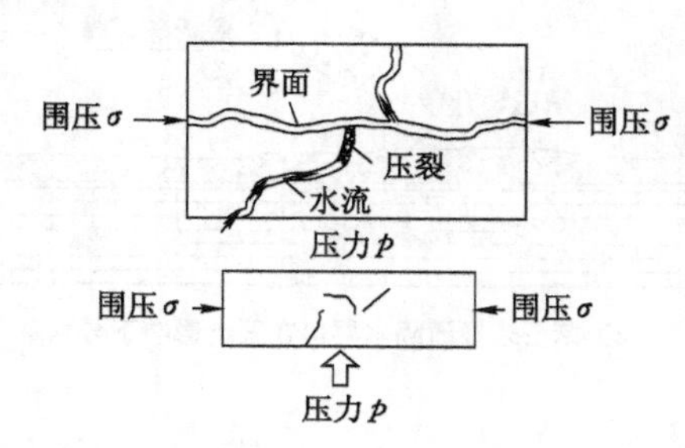

图 4-4　厚隔水层在围压和水压作用下示意图

4.2.2 断裂底板突水通道类型

煤层回采过程中，底板断裂构造的存在破坏了底板隔水岩层的完整性，降低了底板隔水层的强度，缩短了煤层与段盘含水层的距离，减少了底板隔水层的有效厚度，导致承压水沿断裂带导升至隔水层中以及成为承压水涌入矿井的通道[152]。当煤层采动形成的底板破坏带直接和底板承压导升带对接时，底板下伏的承压水将会沿着断裂带涌入采掘工作面，发生突水，如图 4-5(a)所示；当煤层底板隔水层强度较高、厚度较大时，采掘引起的底板破坏带影响范围较小，不能和底板承压导升带对接，在天然状态下断层不导水，当断层裂隙在下伏承压水的长期作用下产生扩展后，使底板承压导升带向上扩展与采动破坏带相沟通，便形成了煤层底板滞后突水，如图 4-5(b)(c)(d)所示。

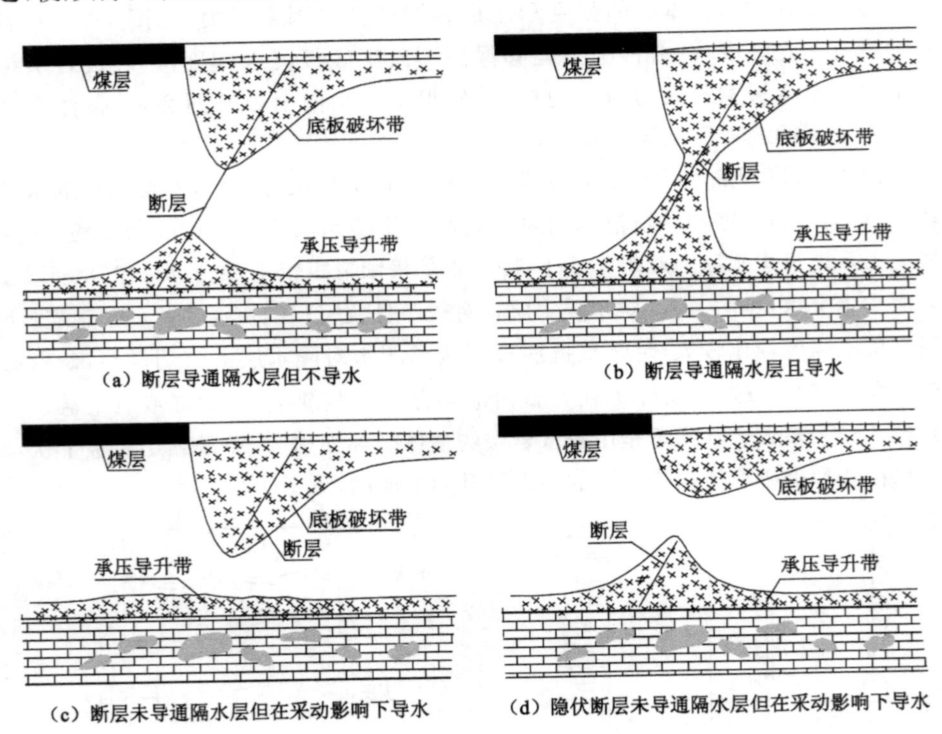

图 4-5 底板断层突水通道示意图

4.3　断层活化突水模型试验

4.3.1　相似理论

根据相似理论，模型与原型是部分相似的，要满足以下几个原则[153]：

（1）模型与原型几何相似，包括与现象影响参数相关的具有独立性的几何量（如高度、长度或距离等）。

（2）试验过程中具有突出物理意义的常数成比例。

（3）两个系统的初始条件相似。

（4）试验过程中的边界条件相似。

对于任何一种工况条件下的相似模拟，必须对工况的基本特征进行分析，确定出模型的各种几何比例，然后再按照一定的相似准则进行试验。

本次模型以郑煤集团裴沟煤矿 32071 工作面 $F_{32\text{-}9}$ 断层为原型设计，见图 4-6。断层为一正断层，落差 3 m，断层带宽 5～10 m，工作面揭露断层时无水，说明断层为不含（导）水断层。

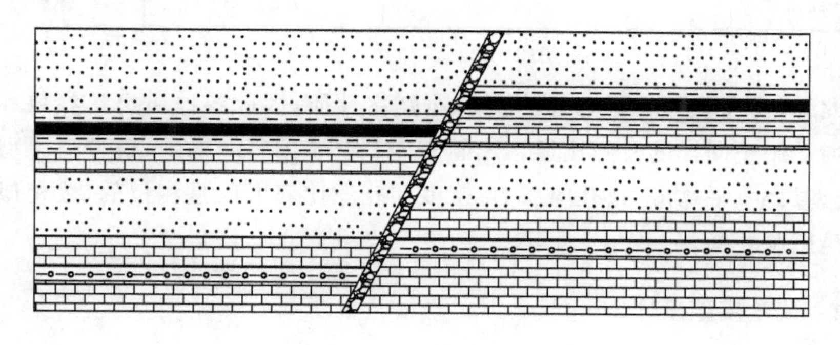

图 4-6　工程地质模型

根据量纲分析法（π 定理）求得各物理量的无量纲乘积，见表 4-1。

Goodings[154] 总结了 1 g 模型水力比例系数，在层流条件下，时间比尺为 n^{-1}，几何比尺为 n，粒径比尺为 1；紊流条件下，时间比尺为 $1/\sqrt{n}$，几何比尺为 n，粒径比尺为 n^{-1}。在断层突水的过程中，一开始是层流，随着水量的不断增大，水的流态逐渐发生变化，可将判别断层流、紊流的标准定义为雷诺数 Re。在试验的过程中通过水流的速度计算 Re 的值，根据 Re 的数值判别水的流态。本次模型试验由于充填物具有一定的密实度,水在孔隙中的流速没有在圆管中那么大,因此 Re 值有可能较小[73]。

表 4-1 各物理量无量纲乘积一览表

物理量	符号	原型比例 1∶1	模型比例 1∶n	相似性
孔隙比	e	e	e	相似
内摩擦角	φ	φ	φ	相似
泊松比	μ	μ	μ	相似
内聚力	C	C	C	相似
密度	ρ_1	ρ_1	ρ_1/ρ	相似
黏滞性	η	$\eta/(\rho_1 d\sqrt{gL})$	$\eta/(\rho_1 d\sqrt{gL/n})$	不相似
弹性模量	E	$E/(\rho gL)$	$E/(\rho gL/n)$	相似
渗透率	k	$k\eta/(\rho_1 d^2 gL)$	$k\eta/[\rho_1(d/n)^2 gL]$	不相似
平均应力	σ_m	$\sigma_m/(\rho gL)$	$\sigma_m/(\rho gL/n)$	相似
孔隙压力	u	$u/(\rho gL)$	$u/(\rho gL/n)$	相似
模型尺寸	L	L	L/n	相似
时间	t	tk/L	$tk/(L/n)$	不相似

此外,由于模型试验中不考虑岩石蠕变性质,因此各地质力学参数和渗流参数均适用于同样的时间比尺。比照表 4-1 中的无量纲乘积,模型与原型在时间、模型尺寸、平均应力、孔隙压力、密度和孔隙比等方面是相似的,故相似性关系满足试验要求。

4.3.2 试验模型设计

对于高承压含水层上断层底板开采突水事故来说,突水具有突发性及破坏性,很难通过现场工业试验来获取相关规律,为了再现地下采掘过程中底板高承压水沿断层突出的过程,设计断层突水、突泥模型。从断层突水通道的工程地质特征、通道内物质的运移特征及水压力场特征出发,探求整个突水过程的形成、发生和发展机制,总结不同压力、不同通道宽度和不同物质成分条件下断层突水过程中的启动、运移、突变和稳定的动力机制。

根据以上分析结合现场断层的工程地质与水文地质特征,按照 1∶100 的几何相似比、1∶150 的水压相似比设计断层突水模拟试验模型装置,如图 4-7

所示，该装置主要由动力加压装置、断层突水通道模拟装置和测量系统三部分组成。

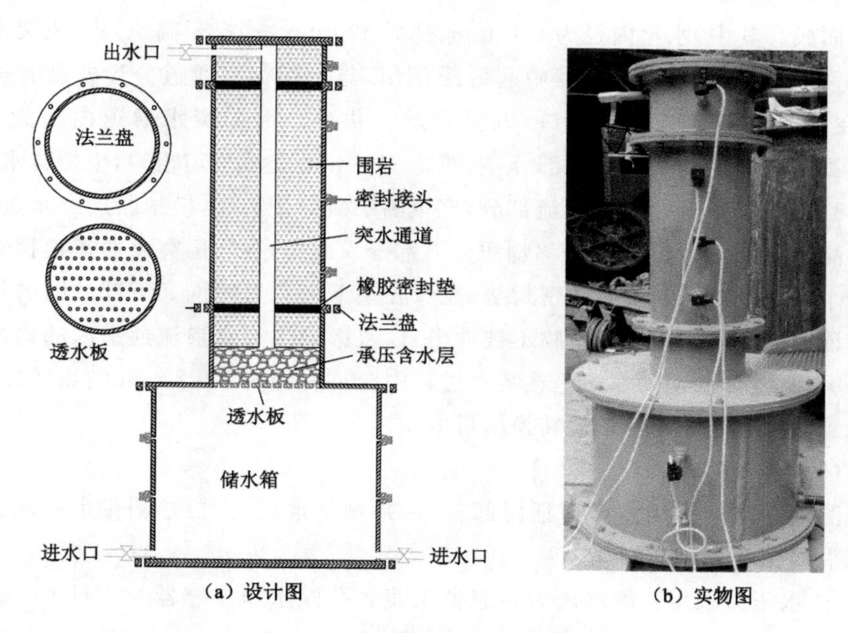

图 4-7　断层带突水模拟装置

(1) 动力加压装置

动力加压装置为带有压力调节装置的高压泥浆泵(图 4-8)，其额定最高压力 4.5 MPa，额定功率 50 kW，额定电流 3 A，最大流量为 80 L/min。

图 4-8　高压泥浆泵

（2）断层突水通道模拟装置

装置从下至上分为水箱和断层突水通道两部分，由厚度为 10 mm 的钢板加工而成。其中，水箱内径为 600 mm、高为 600 mm，连接于高压泵与主突水通道装置之间，在突水模拟过程中起稳压作用，与上部突水通道分界处设有透水板，在底部设置有两个进水口，以保证水流供给。断层突水通道内径为 255 mm，高为 1 000 mm，分为三部分：下部高 200 mm，充填均匀粗料，模拟含水层；中部高 600 mm，为主突水渗流部分，充填断层破碎带物质，模拟断层突水过程；上部高 200 mm，为断层带迁移物质分离部分。此外，在断层突水通道模拟装置的两个法兰盘处设置有橡胶密封垫，在橡胶垫下面布置滤网。下部滤网的作用是保证底部含水层中的充填物不被冲出，以致影响主突水渗流通道内的物质迁移及突水；上部滤网的作用是在突水过程中允许直径为 0～2 mm 的物质通过，以达到模拟断层破碎带渗流转换的目的。

（3）测量系统

测量系统的作用主要包括两部分：一是测量水压力，二是测量水量和充填物流失颗粒量。

① 水压力采用孔隙水压力传感器采集。孔隙水压传感器为 YH-131 型振弦式孔隙水压力传感器，直径 27 mm，长度 125 mm，量程为 0～600 kPa，精度等级为 0.5%。此外，在孔隙水压力传感器使用前，对其进行了标定，标定的压力-电压信号特性曲线分别如图 4-9(a)(b)所示（以 1#、5# 水压力传感器为例）。水压力传感器数据采集采用 XMD-8414 数据采集仪进行采集，并通过数码相机进行实时记录。

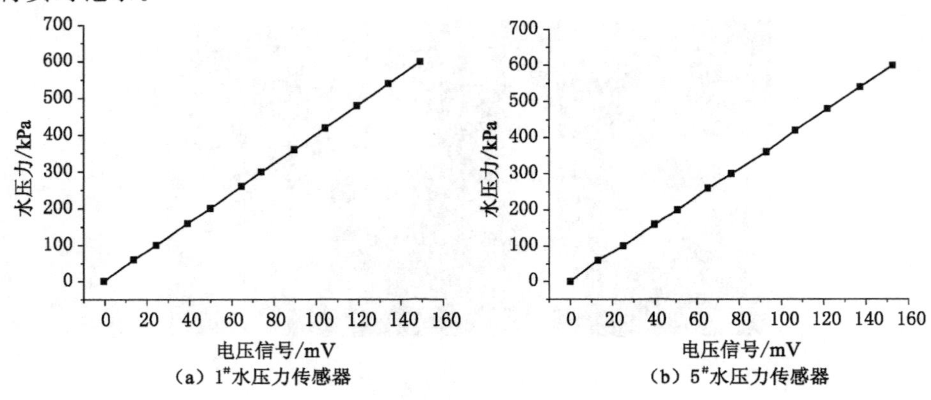

图 4-9　水压-电压信号特征曲线

② 水量和充填物流失颗粒量采用容积 20 L 的塑料桶每隔 10 s 收集一次，待收集的水和流失颗粒沉淀后，对水和流失颗粒进行分离，再通过精度为 1 g、量程为 30 kg 的数显电子秤进行称重，得出每 10 s 内的突水量和突泥量。

4.3.3　试样制备及方案

(1) 试样制备

根据现场断层工程地质条件的调查、分析，确定断层破碎带岩体主要是由岩块骨架与细粒的充填物组成；结合室内对断层充填物中泥岩等黏土矿物的测定可知，充填物中泥岩等黏土矿物含量约占总体积的 50%～70%左右，这与刘启蒙[73]、姚邦华[155]等人在兖州、徐州地区所测试结果相近。因此，断层破碎带突水模拟试验中充填的材料以石灰岩作为骨架，以破碎泥岩为细粒充填物，并按照一定的比例配置而成。具体为：用颗粒为 10～20 mm 破碎石灰石为骨架，以粒径为 0～2 mm 和 2～6 mm 的破碎泥岩按 1∶1 配比的混合物作为充填物，然后将两种物质按一定比例混合(图 4-10)。

(a) 混合前的破碎岩石

(b) 混合后的破碎岩石

图 4-10　断层突水模拟的填充材料

(2) 试验方案

为了分析研究不同充填材料配比、不同压力、不同通道宽度条件下断层突水过程中启动、运移、突变和稳定的动力机制，制订如表 4-2 所列方案进行试验。

① 设置断层突水通道类型为平直光滑型，宽为 60 mm，突水压力为 0.4 MPa，断层填料骨架和充填物配比为 3 种，体积比分别为 1∶1、1∶2、1∶4，试验数量为 3 组，试验编号分别为 1-1、1-2、1-3。根据 3 组试验结果分析不同断层充

填材料配比对断层渗流突变的影响。

表 4-2 试验方案表

试验编号	断层带宽度 b/mm	试验压力 p/MPa	材料配比:$V_{骨架}/V_{充填物}$
1-1	60	0.4	1∶1
1-2	60	0.4	1∶2
1-3	60	0.4	1∶4
2-1	30	0.4	1∶2
3-1	60	0.2	1∶2
3-2	60	0.6	1∶2

② 设置断层突水通道类型为平直光滑型,突水压力为 0.4 MPa,断层填料骨架和充填物配比为 1∶2,通道宽为 30 mm,试验数量为 1 组,试验编号为 2-1,并结合试验 1-2 结果,根据两组试验结果分析不同断层通道宽度对断层渗流突变的影响。

③ 设置断层突水通道类型为平直光滑型,断层填料骨架和充填物配比为 1∶2,断层通道宽为 60 mm,突水压力分别为 0.2 MPa、0.6 MPa,试验数量为 2 组,试验编号分别为 3-1、3-2,并结合试验 1-2 结果,根据 3 组试验结果分析不同断层通道宽度对断层渗流突变的影响。

4.3.4 试验过程设计

试验流程图如图 4-11 所示,试验过程分为断层突水通道制作、装料、渗流和卸料四个步骤。

(1) 断层突水通道制作

试验所需断层突水通道是通过水泥砂浆和木板在模型箱内浇筑而成的,对于水泥砂浆要求其渗透性较小才能到达模拟断层渗流的目的,否则会在水泥砂浆中发生渗流而影响试验效果。根据已有研究结果可知,影响水泥砂浆渗透性的因素主要有水灰比、水泥含量、龄期以及河砂的颗粒级配等[154]。因此,本次试验采用的水灰比为 0.30,水泥砂子比为 0.4,所得到的水泥砂浆渗透性较低,稳定渗透系数为 10^{-11} cm/s 数量级,7 d 龄期水泥块体的抗压强度为 46 MPa。

(2) 装料

将不同粒径的材料按照一定比例配置成不同的断层破碎带,在装入断层模

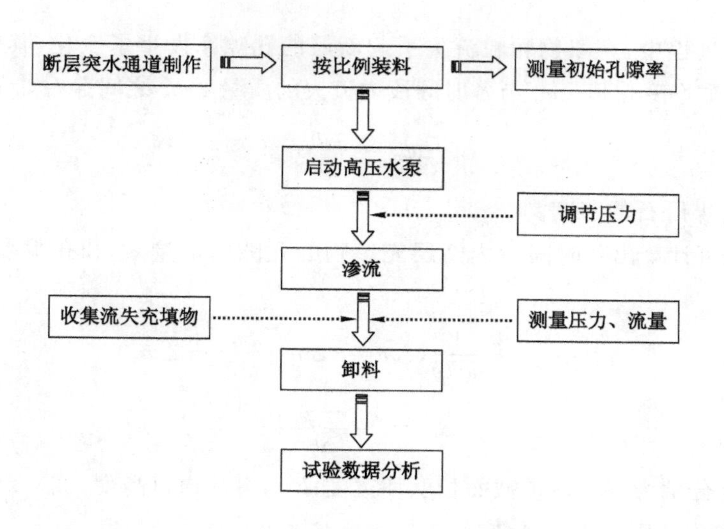

图 4-11　断层突水渗流转换流程图

拟通道前需将各种材料均匀混合，在装填过程中需要将混合后的材料捣实，以免试验过程中造成局部渗流不均匀。

(3) 渗流

打开高压水泵并调节溢流阀使模型通道中的混合材料在小压力条件下饱和，该压力可称为饱和压力。之后再次调节溢流阀使压力达到试验预定值(试验压力)，使液体在混合材料中渗透。在整个渗流试验过程中，为突出充填物颗粒流失对断层突水渗流的影响，试验压力由饱和压力通过 4 次加压逐渐升高到试验设计压力，每次加压时间间隔为 10 s，与收集充填物颗粒的时间相同。

此渗流试验有关的物理量参数有水压、渗流长度、水量、水的黏滞系数、密度、渗透系数、充填物流失率、孔隙率、渗流速度、渗透率及雷诺数等，各物理量间的关系如下。

① 充填物流失率

在试验过程中每隔一段时间(10 s)对迁移出的充填物颗粒进行收集，静置、烘干后称取质量 Δm_1、Δm_2、…、Δm_n，即可得到各时间阶段内模型中充填物的流失率 $m_n{}'$ 以及流失总量 M：

$$m_n{}' = \frac{\Delta m_n}{\Delta t} \tag{4-1}$$

$$M = \Delta m_1 + \Delta m_2 + \cdots + \Delta m_n \tag{4-2}$$

② 孔隙率

试验过程中，充填物颗粒流失引起断层的孔隙率发生了变化，其中任一时间段内孔隙率变化值 $\Delta\varphi_n$ 与各时间段内流失的质量 Δm_n 之间存在如下关系：

$$\Delta\varphi_n = \frac{\Delta m_n}{\rho} \tag{4-3}$$

式中，ρ 为煤矸石的密度。

由此可计算出各时间段内断层充填物的孔隙率增量 φ_n 和孔隙变化率 $\varphi_n{}'$ 的计算公式：

$$\varphi_n = \varphi_0 + \frac{1}{abh\rho}(\Delta m_1 + \Delta m_2 + \cdots + \Delta m_n) \tag{4-4}$$

$$\varphi_n{}' = \frac{\varphi_n - \varphi_{n-1}}{\Delta t} \tag{4-5}$$

式中，a、b 分别为突水通道截面长度和宽度；h 为突水通道高度。

③ 渗流速度与渗透系数

由于试验模型尺寸较小，重力作用效果与水压力作用效果相比可以忽略不计，因而模型中的渗流可近似认为是一维流，任一时间段内渗流速度可表示为：

$$q = -\frac{k}{\mu}\frac{\partial p}{\partial z} = \frac{Q}{A} = \frac{Q}{ab} \tag{4-6}$$

式中，Q 为流量；q 为渗流速度(m/s)；k 为断层渗透率(m^2)；μ 为流体的动力黏度(Pa・s)；p 为流体压力(Pa)。

假设断层破碎带内压力梯度均匀分布，即：

$$\frac{\partial p}{\partial z} = \frac{p}{h} \tag{4-7}$$

根据式(4-6)和式(4-7)，得到断层破碎带渗透率及渗透系数计算公式分别为：

$$k = \frac{Q\mu}{A}\frac{h}{p} \tag{4-8}$$

$$K = \frac{Q}{A}\frac{\gamma h}{p} \tag{4-9}$$

④ 雷诺数(Re)

不同时间段的雷诺数可根据下式计算：

$$Re = \frac{qd_{\mathrm{A}}}{\upsilon} \tag{4-10}$$

式中，d_{A} 为充填物颗粒的平均粒径；υ 为流体的运动黏度，取 0.01 cm^2/s。

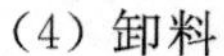

(4) 卸料

待整个渗流试验完成后，将模型拆卸，清理模型中剩余的材料，同时也可对比不同模型中渗流后的残余材料情况。

4.3.5 突水过程分析

通过完成 6 个模型的底板断层突水试验，对突水过程中突水量、充填物颗粒流失量、渗透系数及孔隙率等参数的变化规律进行了分析讨论，以断层填料骨架和充填物比为 1：2、突水压力为 0.4 MPa、断层宽度为 60 mm 的试验结果为例，结果见图 4-12～图 4-16。

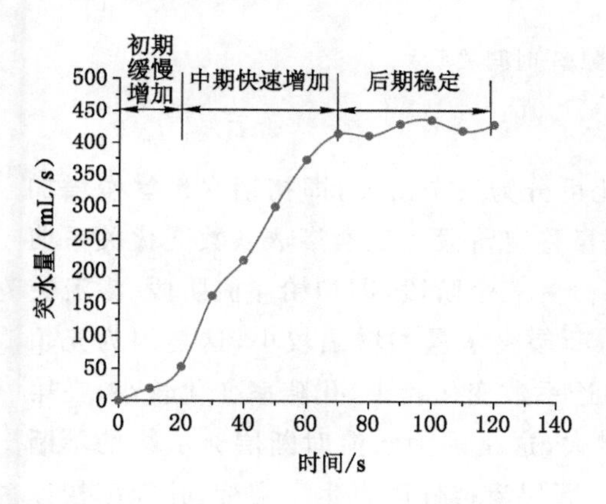

图 4-12 突水量-时间关系

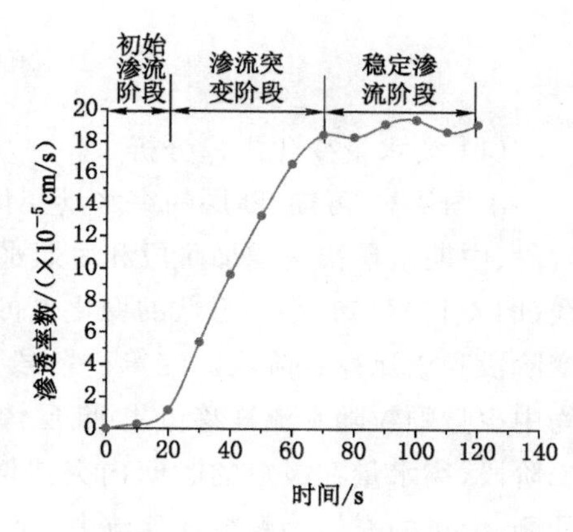

图 4-13 渗透系数-时间关系

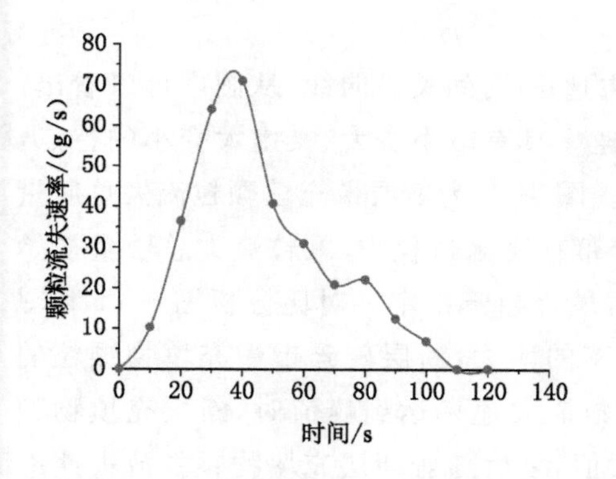

图 4-14 颗粒流失速率-时间关系

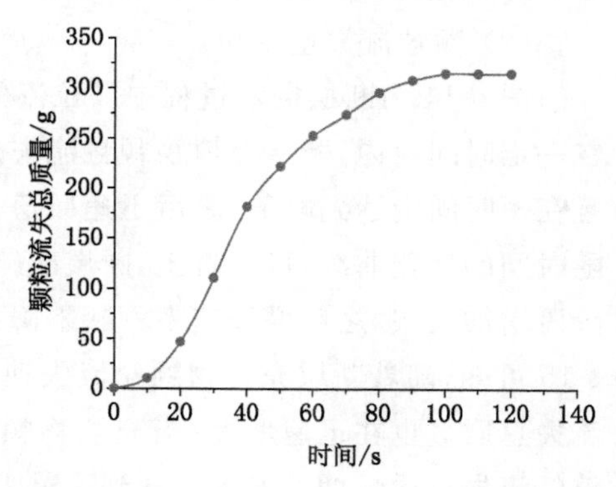

图 4-15 颗粒流失总质量-时间关系

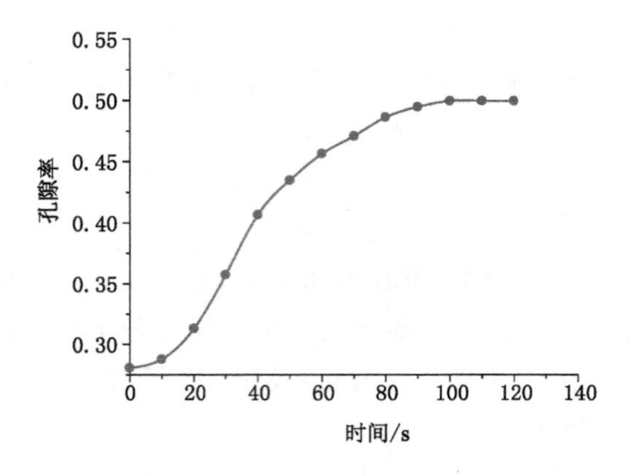

图 4-16　孔隙率-时间关系

(1) 突水量变化规律分析

由图 4-12 可知，断层的突水量变化可分为三个阶段，即初期水量缓慢增加阶段、中期水量快速增加阶段和后期水量稳定阶段。观察渗透系数变化关系曲线(图 4-13)可知，渗透系数的变化也可分为三个阶段，即初始渗流阶段、渗流突变阶段和渗流稳定阶段。在第一阶段，断层突水量的增幅较小，这是因为充填物中少量颗粒随水流迁移流出，断层渗透系数变化较小，孔隙率变化较小；在第二阶段，突水量在极短的时间内突然增大，这是因为水流对断层充填物的不断冲刷，大量的充填物颗粒迁移流失，导致断层渗透性能发生了突变，孔隙率快速增大；在第三阶段，突水量基本保持不变，是因为渗流突变后充填物颗粒流失速率下降，断层的渗透性趋于稳定，孔隙率趋于稳定。

(2) 颗粒流失量变化

图 4-14 为断层突水过程中颗粒流失速率-时间关系曲线，从图中可以看出，在一定时间段内，断层充填物颗粒流失速率具有由小变大、又由大变小的特点，且在短时间内达到峰值，之后迅速回落。图 4-15 为断层带充填颗粒流失总质量随时间的变化曲线，可以看出，断层破碎带在突水过程中，颗粒流失总质量初始阶段增加较快，之后增长速率不断下降，最后趋于稳定。对比分析图 4-14 和图 4-15 可知，随着断层充填物颗粒流失速率的增大，断层破碎带中充填物颗粒的流失总质量也在迅速增大；当充填物颗粒流失速率达到峰值时，断层充填物颗粒的流失总质量增长速率也达到了最大值，之后随着断层充填物颗粒流失速率的减小而减小，最终趋于稳定。

图 4-16 为断层突水过程中孔隙率-时间关系曲线，从图中可以看出，断层破

碎带在水流的冲刷作用下，断层带中微裂隙或孔隙出现了扩张。初始阶段，充填物颗粒被水流缓慢冲出，流失质量较少，断层渗透率变化也较小，导致断层孔隙率变化较小；随着突水时间的推移，充填物颗粒被水流冲出的速度快速增大，颗粒流失的质量快速增多，断层渗透性迅速增强，突水量快速增大，导致断层孔隙率也快速增大；随着大量的充填物颗粒不断被水流溶蚀迁移流失，只剩下体积较大难以迁移流失的骨架和充填物颗粒时，断层充填物颗粒流失质量为零，渗透性和突水量趋于稳定，断层孔隙率也趋于稳定。

对比分析图 4-12～图 4-16 可知，断层突水过程中破碎带孔隙的变化，直接表现在孔隙率的变化上，而孔隙率的变化，则表现为断层充填物颗粒的流失量质量的变化。可以说，由于断层内充填物不断被冲刷出断层突水通道，使得断层带的孔隙率发生变化，导致断层的渗流类型也发生了改变。由此可见，断层破碎带中充填物颗粒流失是断层突水量和渗流类型发生改变的基础。

(3) 断层渗流过程影响因素分析

① 材料配比对断层渗流规律的影响

对比分析图 4-17(a)(b)可知，随着断层中细粒充填物的含量增多，断层的渗透系数逐渐增大，相应的突水量也在增大。从渗流开始到渗流稳定所需的时间来看，断层骨架和充填物比值为 1∶1 时，稳定渗流的时间约为 90 s；断层骨架和充填物比值为 1∶2 时，稳定渗流的时间为约 70 s；断层骨架和充填物比值为1∶4时，稳定渗流的时间为约 50 s。可以看出，随着充填物含量的增大，不同配比条件下断层渗流稳定所需的时间逐渐减小，突水量达到最大值的时间也在减小，这是因为断层中充填物的比例越高，在水流的冲刷作用下充填物颗粒流失得越多，造成破碎带的孔隙率较大所致。从图 4-17(c)(d)中可以看出，对于不同材料配比条件下的断层，随着断层中充填物的含量逐渐增多，断层破碎带渗流过程中充填物颗粒流失速率逐渐增大，达到峰值的时间逐渐缩短，此外，充填物颗粒流失总质量也随充填物含量的增多而增大。分析认为，断层中充填物含量越多，一方面，在高承压水作用下可迁移流失的颗粒较多；另一方面，断层中的细粒充填物填充于断层岩块骨架间的孔隙中，使得断层较为密实，初始孔隙率较小，渗透性较差，在断层的两端可以迅速聚集较大的能量并使得大量的充填物颗粒在较短时间内迁移流失，发生渗流突变。图 4-17(e)为不同材料配比时断层孔隙率-时间变化曲线，可以看出，在 0～20 s 内，断层中充填物含量越高，初始孔隙率越大，且在断层渗流过程中孔隙率变化速率较小；在 20 s 以后，断层在渗流过程中的孔隙率变化速率迅速增大，使得充填物含量越高的断层，渗流

发生突变以后孔隙率也越大，其原因可认为是断层充填物颗粒的流失量不均一。

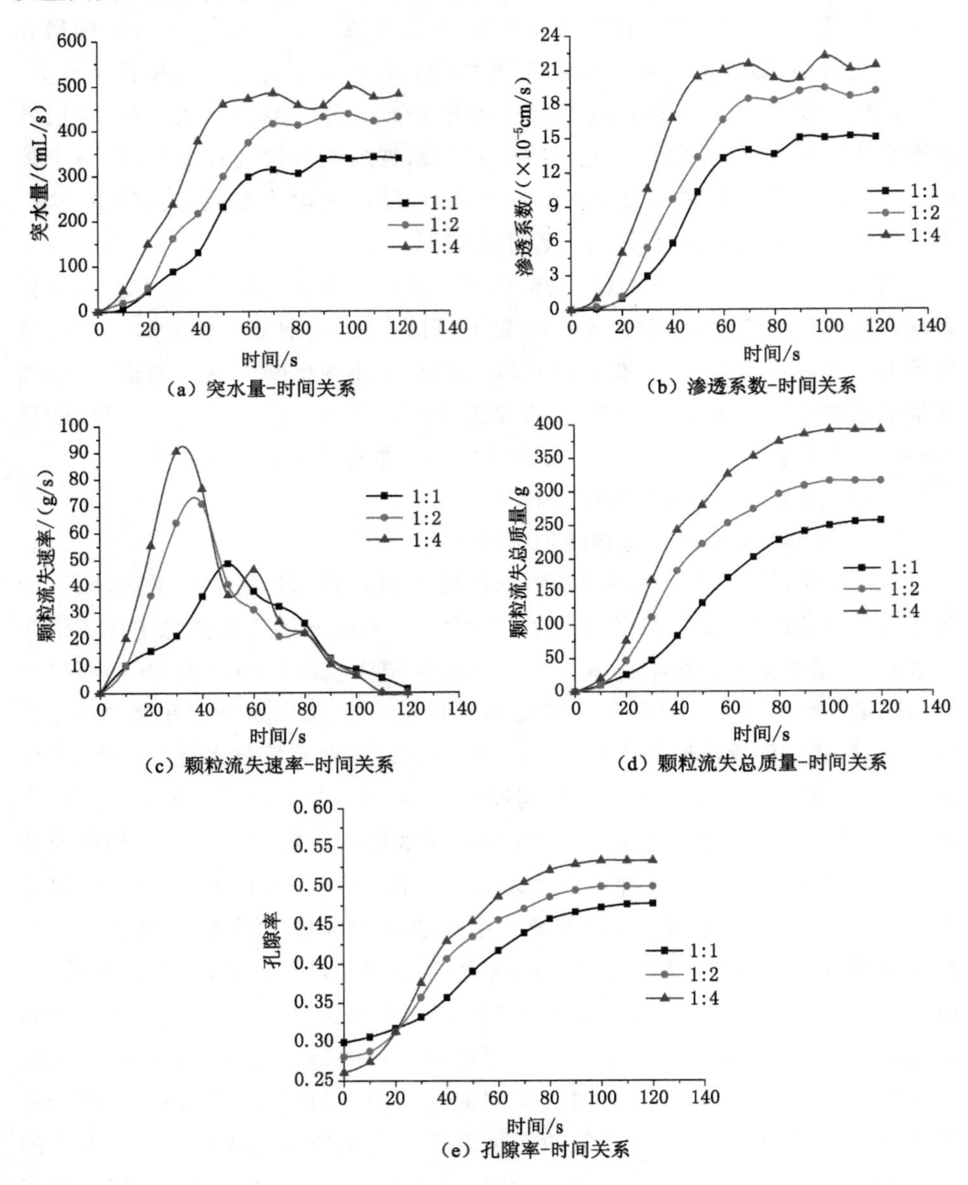

(a) 突水量-时间关系

(b) 渗透系数-时间关系

(c) 颗粒流失速率-时间关系

(d) 颗粒流失总质量-时间关系

(e) 孔隙率-时间关系

图 4-17　材料配比对断层渗透破坏的影响

② 水压对断层渗流规律的影响

从不同压力条件下断层渗流过程中各参数变化关系(图 4-18)可以看出，压

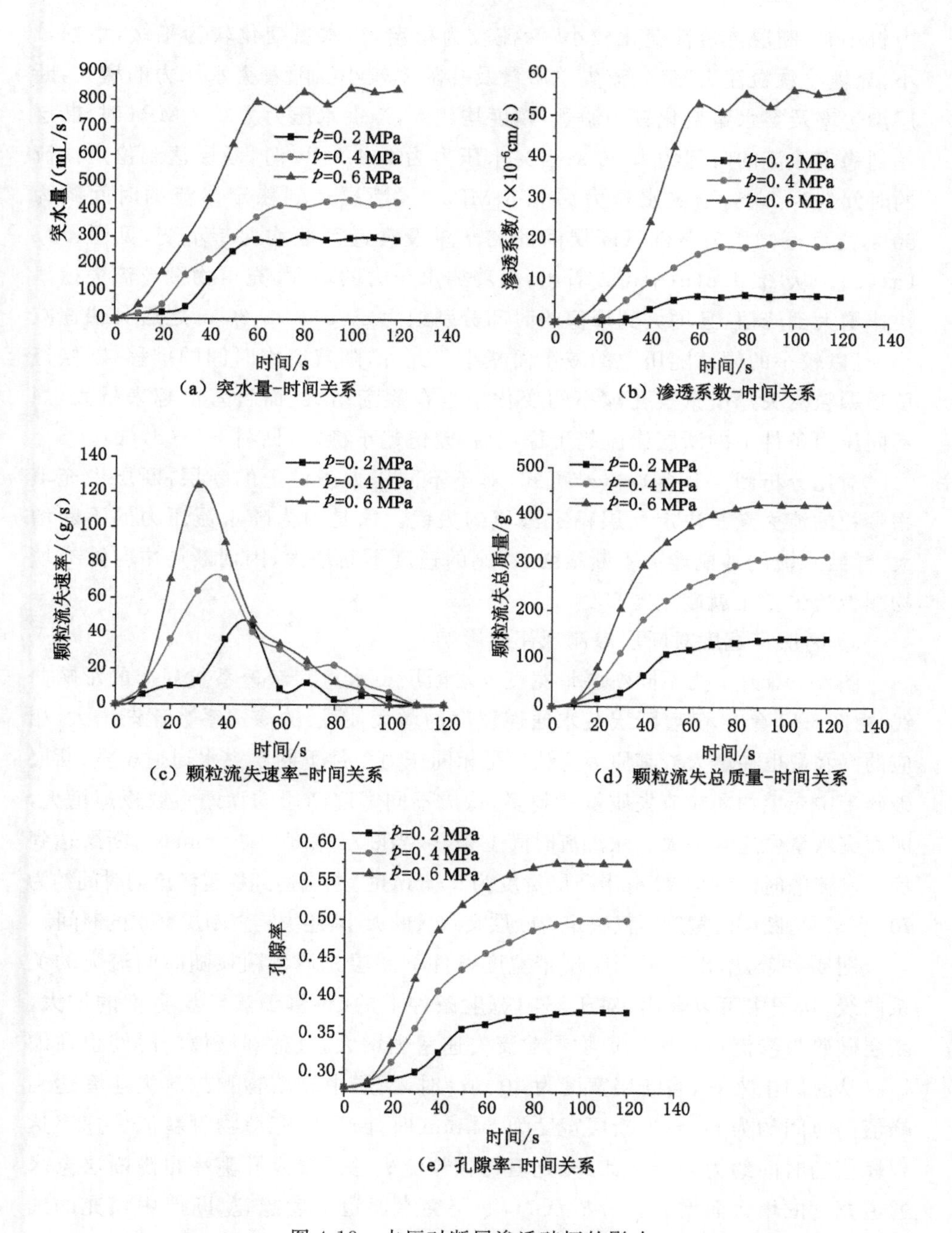

图 4-18　水压对断层渗透破坏的影响

力较小时，断层渗透性变化较小，渗流较为稳定，突水量变化较为平缓，增幅较小，充填物颗粒流失速率、流失总质量及孔隙率较小。随着突水压力的增大，断层渗透率及突水量变化较为激烈，幅度均较大，当突水压力为 0.2 MPa 时，断层达到稳定渗流的时间约为 60 s；当突水压力为 0.4 MPa 时，断层达到稳定渗流的时间约为 70 s；当突水压力为 0.6 MPa 时，断层达到稳定渗流的时间约为 80 s，之后不同压力条件下断层间的突水量及渗透系数均保持不变，见图 4-18(a)(b)。从图 4-18(c)中可以看出，随着突水压力的增大，充填物颗粒流失速率快速增大到峰值，且增大到峰值的时间分别约为 50 s、40 s、30 s，之后又快速减小，且以较小的幅值随压力的减小而减小。此外，随着突水时间的推移，断层充填物颗粒流失总质量及孔隙率的变化率也在逐渐增大，而且差值越来越大，当不同压力条件下的断层渗流趋于稳定后，差值趋于稳定，见图 4-18(d)(e)。

对比分析图 4-18(a)～(e)可知，对于不同压力条件下的断层，断层中充填物颗粒的流失量是决定断层稳定渗流的关键。这是因为随水流压力的不断增大，导致水流的冲刷能力不断增强、冲刷的速度不断增大，因而断层中空隙充填物颗粒流失量也就越来越多。

③ 断层带宽度对断层渗流规律的影响

图 4-19(a)(b)为不同断层带宽度 b 对断层突水量和渗透系数规律的影响曲线，由图可以看出，随着断层突水通道宽度的增大，断层的渗透系数逐渐增大，相应的突水量也在增大。其原因可认为是相同压力条件下断层突水通道越宽，断层破碎带中充填物颗粒流失质量就越多，造成不同宽度断层的渗透系数逐渐增大，因而突水量也逐渐增大。从渗流时间上来看，当断层宽度为 30 mm 时，断层达到稳定渗流的时间约为 90 s；当断层宽度为 60 mm 时，断层达到稳定渗流的时间约为 70 s。可见，断层的宽度不仅决定着断层突水量的大小，还决定着断层突水的时间。

图 4-19(c)给出了不同断层带宽度条件下断层充填物颗粒随时间流失的关系曲线，从图中可以看出，对于不同宽度条件下的断层，随着断层宽度的增大，断层破碎带渗流过程中充填物颗粒流失速率也增大，且达到峰值的时间也在缩短。从时间上来看，当断层宽度为 30 mm 时，断层中充填物颗粒流失速率达到峰值的时间约为 50 s；当断层宽度为 60 mm 时，断层中充填物颗粒流失速率达到峰值的时间约为 40 s。此外，充填物颗粒流失总质量及孔隙率也随断层突水通道宽度的增大而增大。分析认为，断层突水通道宽度越宽，断层中填充的细粒充填物就越多，在高水压力作用下可使得大量的充填物颗粒在较短时间内迁移流失，发生渗流突变，见图 4-19(d)(e)。

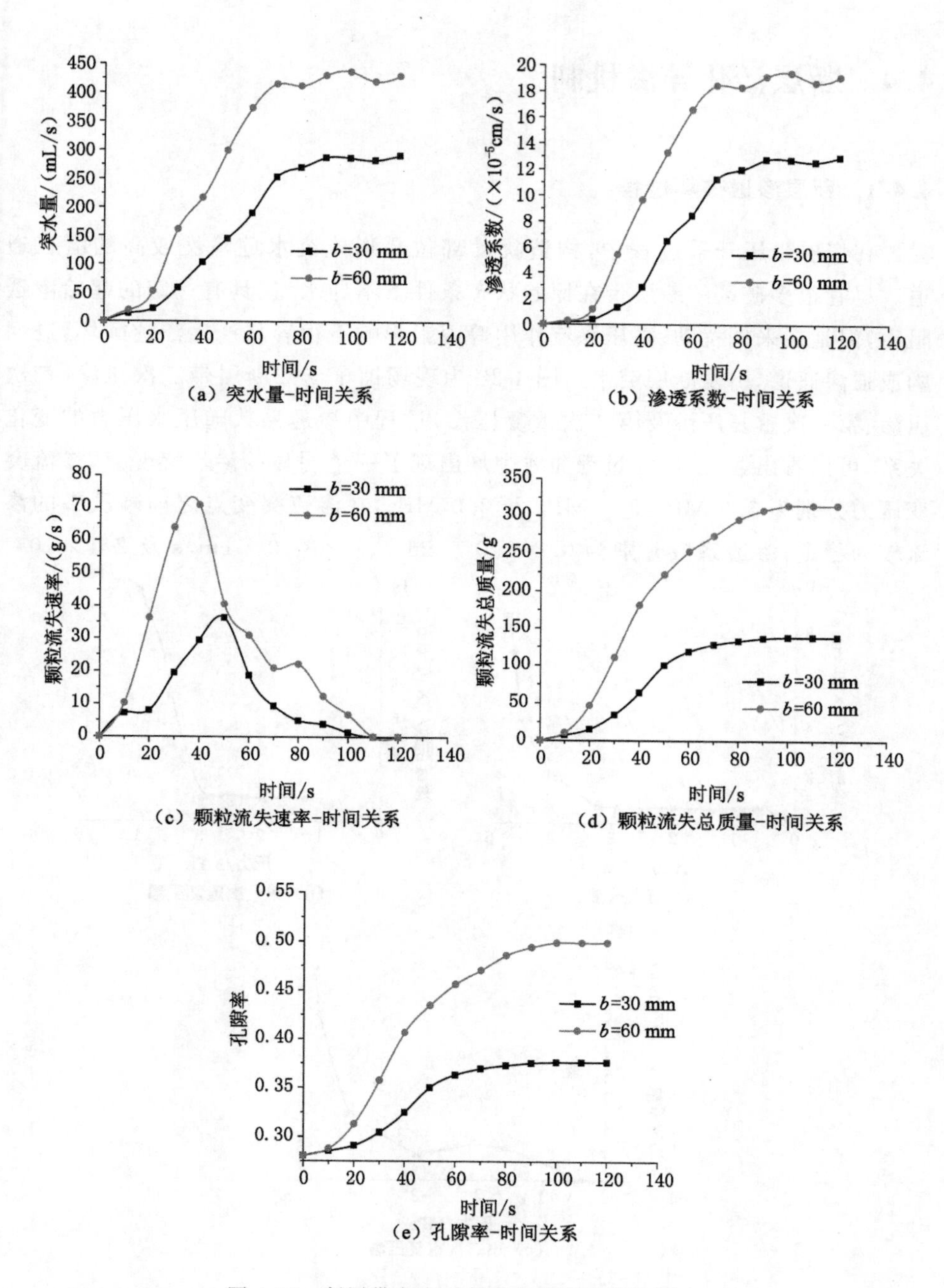

图 4-19　断层带宽度对断层各渗流参数的影响

4.4 断层活化导渗机制

4.4.1 断层渗透破坏过程

在煤层带压开采过程中，构造扰动部位易形成突水危险性较高的潜在通道。尽管很多矿区的断层带在原始状态条件下不导水，且具有一定的起始渗透阻力，但是在采掘扰动、高压渗流作用等因素影响下很容易产生渗透破坏，进而构成强渗通道，引发断层突水。图 4-20 为现场铺子支二断层带三次压渗（初次压渗、第一次重复压渗及第二次重复压渗）过程中渗透系数随压水压力的变化关系，可以看出，三次压渗过程曲线中均出现了一个明显的渗流突变点，渗流突变压力分别为 3.3 MPa、3.0 MPa 及 3.0 MPa，在渗流突变点之前断层带的渗流较为稳定，渗透系数分别为 0.8×10^{-5} cm/s、1.8×10^{-5} cm/s 及 2.1×10^{-5}

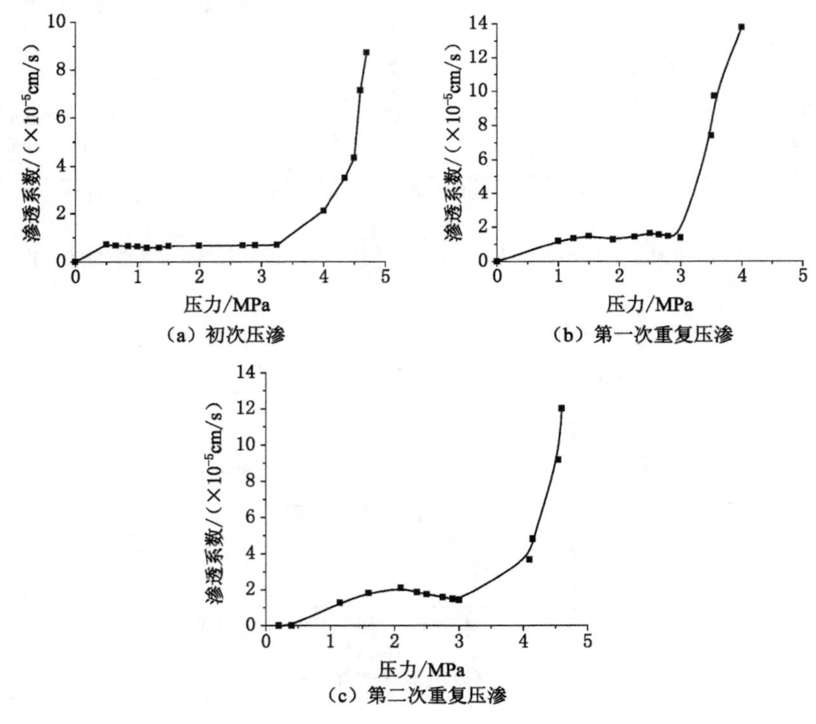

图 4-20 断层带渗透破坏过程现场实测结果

cm/s，在渗流突变点之后断层带渗透系数出现了快速增大，反映出了断层带岩体由稳定到破坏的过程。结合图 3-17(d)中第三次重复压渗结果分析可知，断层带经历前三次压渗后，渗透系数相对稳定，在 10^{-4} cm/s 数量级范围内，而且在压渗过程中显现出了较低的渗透阻力，因此可认为铺子支二断层在第三次重复压渗时已经发生了渗透破坏，产生了活化。

图 4-21 及图 4-22 所示为断层带室内不同条件下的渗流参数(渗透系数、孔隙率及充填物颗粒流失速率)随水压力的变化结果(以突水压力为 0.4 MPa 条件下的断层带突水为例，通过 4 次升压至设计突水压力)，由图可知，对于材料配比相同条件下的断层带，渗透系数随水压力变化规律与现场压渗结果类似，在渗流过程中均出现了一个渗流突变点，且渗流突变点前后的渗透系数相差比较大，见图 4-21(a)及图 4-22(a)。对于压力相同条件下的断层，随着断层带中充填物的逐渐增多，断层带的渗透系数、孔隙率及充填物颗粒流失速率逐渐增大，如在 0.4 MPa 突水压力条件下的渗透系数分别为 5.8×10^{-5} cm/s、$9.7\times$

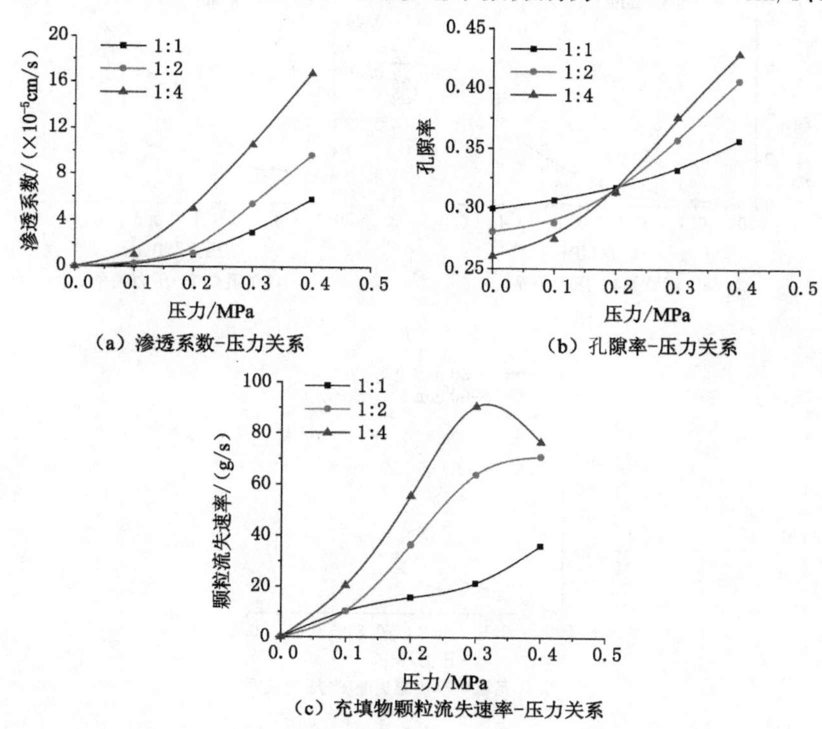

图 4-21　不同材料配比条件下断层带渗透破坏过程室内测试结果

10^{-5} cm/s 及 16.8×10^{-5} cm/s[见图 4-21(a)]，孔隙率分别为 0.36、0.41 及 0.43[见图 4-21(b)]，充填物颗粒流失速率分别为 36 g/s、71 g/s 及 77 g/s[见图 4-21(c)]，其中渗透系数的室内测试结果与现场实测结果的数量级基本一致，反映出了断层带也发生了渗透破坏的特点。对于不同宽度突水通道条件下的断层，水压力小于 0.2 MPa 条件下断层带的渗透系数、孔隙率及充填物颗粒流失速率均相差较小，但是当水压力大于 0.2 MPa 后，随着断层带突水通道的增大，断层带渗透系数变化较大，至 0.4 MPa 时，突水通道宽度 b 为 60 mm 的断层带渗透系数、孔隙率及充填物颗粒流失速率分别为突水通道宽度为 30 mm 的 3.4 倍、1.3 倍及 2.4 倍，见图 4-22。由此可以看出，对于同一断层在较小的水源压力作用下发生渗透破坏，形成突水通道的可能性相对较小，但是在高压水的作用下发生渗透破坏，形成通道引发突水的可能性较大。

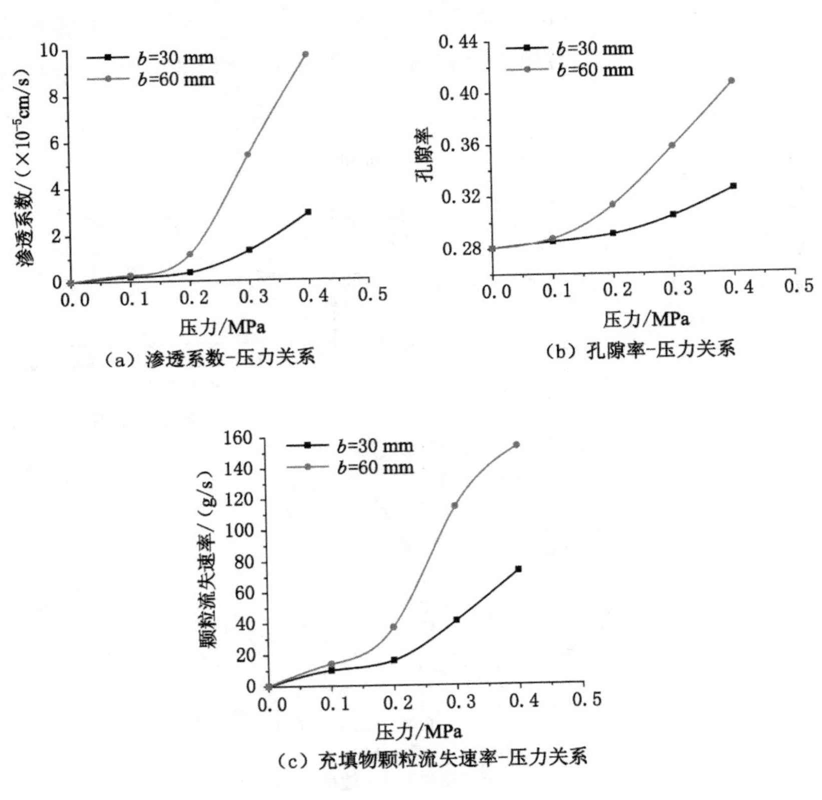

图 4-22 不同宽度突水通道条件下断层带渗透破坏过程室内测试结果

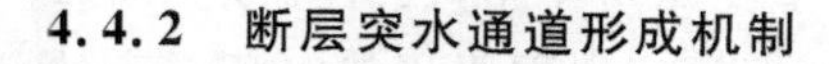

4.4.2　断层突水通道形成机制

图 4-23 为现场压渗过程中断层带水压梯度、渗透阻力及渗透压差的变化曲线。由图 4-23 可知，铺子支二断层经过 4 次压水后，断层带岩体的阻渗性随着压水次数的增多而减弱，相应的受水压的破坏影响逐渐增强。初次压渗过程中虽然断层带岩体受到较高的渗透压力作用，但裂隙渗流通道的连通程度相对较低，水压梯度及渗透阻力较高，分别为 1.25 MPa/m 及 1.31 MPa/m，渗透压差较大，为 4.4 MPa；尔后三次压渗的压水孔水压力出现了明显的降低，水压梯度由初次压渗时的 1.25 MPa/m 逐次降低为 0.83 MPa/m、0.40 MPa/m 和 0.23 MPa/m，渗透阻力由初次压渗时的 1.31 MPa/m 逐次降低为 1.29 MPa/m、1.14 MPa/m 和 0.71 MPa/m，渗透压差由初次压渗时的 4.4 MPa 逐次降低为 2.9 MPa、1.4 MPa 和 0.8 MPa；至第三次重复压渗，高压渗流作用对测试段的渗透破坏迹象已经显现，与之前压渗过程中的渗流形态明显不同，表现出的低

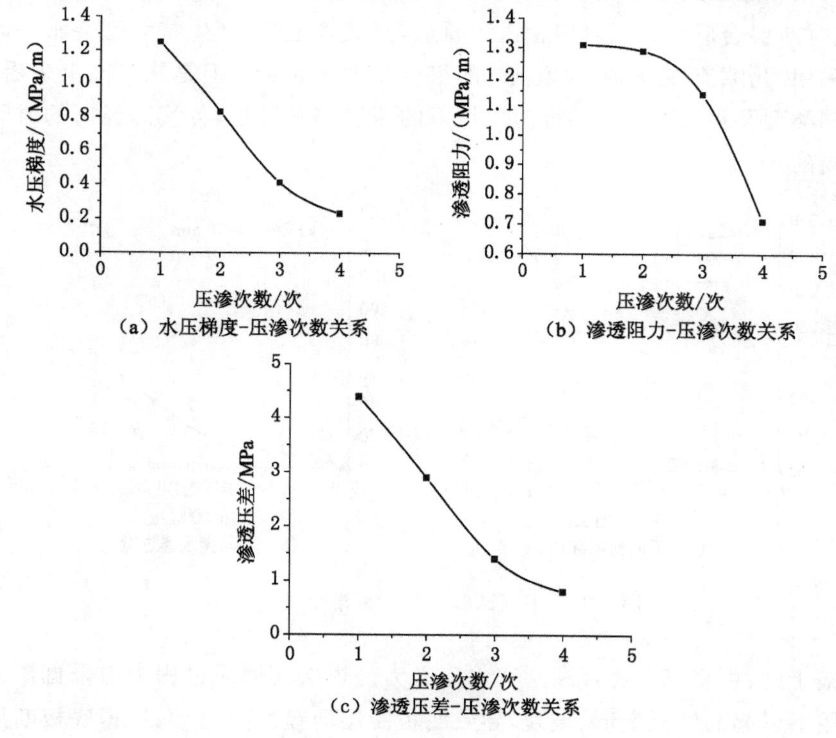

图 4-23　压渗过程中导渗参数变化曲线

阻强渗特点也较为明显，可以说由于前两次的重复压渗作用，已经导致了断层带岩体发生明显渗透破坏，形成了突水通道，因而第三次重复压渗时断层带的各渗流参数（水压梯度、渗透阻力及渗透压差）才会发生明显的降低。

图 4-24 为室内模型试验中不同条件下雷诺数变化曲线，可以看出，断层带岩体在突水开始时，雷诺数小于 10，充填物颗粒未被冲出或被冲出的颗粒质量较小（即未发生渗透破坏），空隙以孔隙为主，断层性较差，突水量较小可近似认为是孔隙流（即层流），符合达西定律。随着水源压力的逐渐增大，雷诺数不断增大，断层中的细小颗粒在水流的冲刷作用下不断被溶蚀，产生了流失，发生了渗透破坏，使得孔隙不断增大，形成贯通性增强的裂隙，水流由孔隙流（即层流）转入裂隙流（即紊流），使得断层的渗透性能不断增强，突水量不断增大。渗透性的增加反过来增大了水流的速度和携带能力，使得断层中更多的颗粒随水流迁移流失。这样一个相互作用的过程，不断增加了断层的渗透能力，直至剩下断层骨架和难以迁移的充填物颗粒，孔隙率不再增大，渗透率和涌水量趋于稳定，此时断层会形成类似岩溶管道的通道，形成管道流，产生特大型突水。此过程可采用“孔隙流-裂隙流-管道流”的组合类型来表示。但是从时间上来看，对于不同类型及相同类型不同压力条件下的断层突水过程，各流态经历的时间段是不同的。

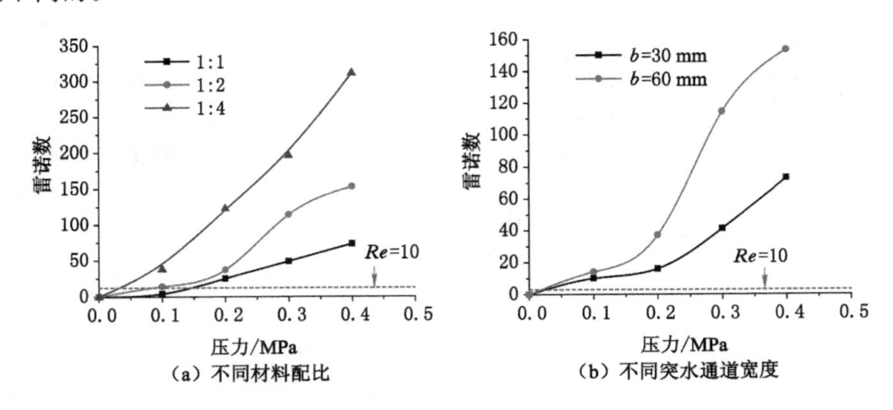

(a) 不同材料配比　(b) 不同突水通道宽度

图 4-24　不同试验条件下雷诺数变化曲线

鉴于此，可将煤层底板断层突水定义为是煤层在回采过程中由采掘矿山压力作用下引起的底板变形、破裂，导致底板断层两盘产生错动，使得底板断层带的阻渗能力逐渐下降，同时在底板下伏高承压水的作用下断层带中的细粒充填物不断被溶蚀、流失，发生渗透破坏的一个过程。该过程可根据断层的流态采用“孔隙流-裂隙流-管道流”的组合类型来表示。可以说，采掘破坏、底板高承压水渗流和断层中细小颗粒迁移（发生渗透破坏）三种运动之间存在着复杂的非线性耦合关系，根据非线性动力学理论，当非线性系统的控制参量满足一定条件时，系统发生结构失稳（分岔或突变），见图 4-25。因此，可将充填物颗粒流失（即断层产生渗透破坏）定义为是引发断层渗流转换的关键因素。

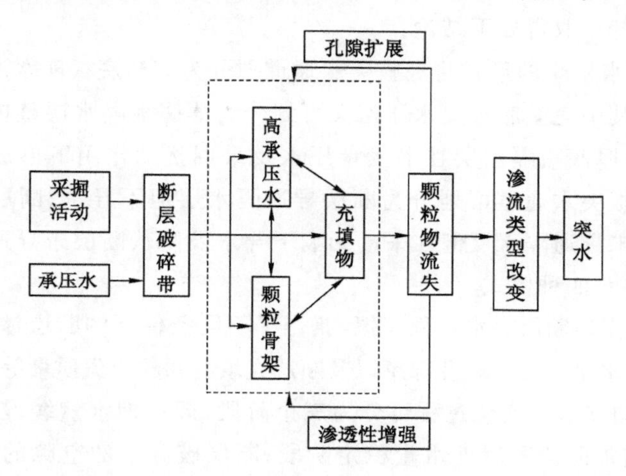

图 4-25　断层活化突水过程示意图

通过以上分析，结合国内煤矿已有底板突水工程实例资料可知，底板突水通道多为构造裂隙带经历采动活化、强渗流压力作用下的渗透破坏等因素的叠加影响所形成，因采掘直接揭露既有贯通性导渗通道（强导渗的构造破碎带、岩溶陷落柱、岩溶裂隙带等）而导致突水的实际工程情况则极为罕见。尽管底板突水多表现为短时突发特点，但其前期往往伴随有较长时段的散点渗水，且渗水量一般由小到大渐变、渗漏点逐渐集中，表明突水通道的形成一般会经历一个缓慢的渗透破坏过程。田庄煤矿揭露 FⅧ断层发生的突水即是如此，前期探测认为该断层不含水，在掘采揭露断层裂隙带初期出现微量渗水，后来渗水量逐渐变大，并最终演变成水量近 1 000 m^3/h 的灾害性突水。构造裂隙带导通突水的实质是渗透破坏的结果，这一点铺子支二断层的原位压渗测试结果也有明显体现。也就是说，底板构造裂隙带渗透破坏是底板突水的前兆过程，也是底板水灾害防治的重要阶段。

4.5 本章小结

本章从华北型煤矿底板突水通道类型入手，通过室内物理模拟试验，结合现场压渗试验结果，对高承压水作用下的断层活化渗流突变规律及突水通道形成机制进行研究，取得如下结论：

(1) 按突水发生的形式将底板突水通道划分为完整底板实水通道和断裂底板突水通道，其中完整底板突水通道又可划分为薄底板隔水层整体破坏后形成的突水通道及厚底板隔水层在下伏承压水及采掘扰动作用下形成的突水通道两种；断裂底板突水通道可划分为断层导通隔水层但不导水、断层导通隔水层且导水、断层未导通隔水层但在采动影响下导水及隐伏断层未导通隔水层但在采动影响下导水四种模式。

(2) 通过室内断层突水过程模拟，获得了不同条件下的断层渗透特性参数，包括断层的突水量、渗透率、孔隙率以及断层充填物颗粒流失质量等，结果表明：

① 断层的突水量变化过程可分为三个阶段，即初期水量缓慢增加阶段、中期水量快速增加阶段和后期水量稳定阶段；断层破碎带的空隙的变化，直接表现在孔隙率的变化上，而孔隙率的变化，则表现为断层充填物颗粒的流失量质量的变化。

② 从不同材料配比条件下的断层渗流参数可知，断层中充填物的含量越多，初始孔隙率较小，可迁移流失的颗粒较多，渗透性较差，在断层的两端可以迅速聚集较大的能量并使得大量的充填物颗粒在较短时间内迁移流失，发生渗流突变。

③ 从不同压力条件下的断层渗流参数可知，断层突水压力大，水流的冲刷能力强，冲刷的速度越快，导致充填物颗粒流失量多，孔隙率变大，渗透性增强，突水量增大，且到达峰值的时间较短。

④ 断层带的渗流过程可采用“孔隙流-裂隙流-管道流”的组合类型来表示，断层带渗透破坏后，断层带中充填物颗粒的流失是断层突水量和渗流类型发生改变的基础。

(3) 底板突水通道多为构造裂隙带经历采动活化、强渗流压力作用下的渗透破坏等因素的叠加影响所形成，一般会经历一个缓慢的渗透破坏过程。

(4) 底板构造裂隙带渗透破坏是底板突水的前兆，构造裂隙带活化突水的实质是渗透破坏的结果，也是底板水灾害防治的重要阶段。

第 5 章　断层活化突变模型

笔者在第 2 章、第 3 章及第 4 章中从华北型煤矿底板裂隙岩体的渗流特征出发，对底板突水基本力学特征、突水影响因素及阻渗条件进行研究，提出了构造扰动底板突水的评价方法及量化取值，揭示了高承压水作用下的断层活化渗流突变规律及突水通道形成机制，其结果很好地解释了断层破碎带的渗透破坏过程，对于矿井断层突水防治具有重要的意义，但是对于断层突水过程中的外界诱发条件并未进行分析。因此，本章从断层突水的外界影响因素及断层带本身的介质力学特征出发，建立断层活化失稳的非线性模型，推导出断层活化失稳的充要力学判据及突水临界压力；从非线性的角度将诱发断层活化突水的外界扰动条件分为临界微扰动和超前强扰动，分析煤层底板断层活化突水与外界采掘扰动条件的关联性，揭示外界扰动条件下的断层活化突水机理。

5.1　采掘扰动

底板断层活化突水的发生，必然受到一定的内因和外因作用控制。一方面受制于断层所处的地质环境，如断层发育情况，充填物的种类、组合以及围岩应力状态等因素；另一方面突水的发生与否还与外在因素（采掘扰动）对断层带自身的扰动有关。此外，采掘扰动不能直接控制断层突水的发生与否，但可以通过对内因的施加作用来诱发。由于采掘扰动通常都是通过时间随机、强度不定的方式来施加给断层的，因而可以将诱发底板断层突水灾害发生的这些外在影响因素称为扰动。非线性系统的最大特点是系统对初值极其敏感，微小的初值变化也可能会引发系统结果的极大偏离。当断层处于稳定状态时，一般的采掘扰动不能诱发突水灾害的发生，只有当断层处于临界状态或准临界状态，才能诱发突水。处于临界状态的断层，原来的稳定状态可能失去稳定，但断层并不

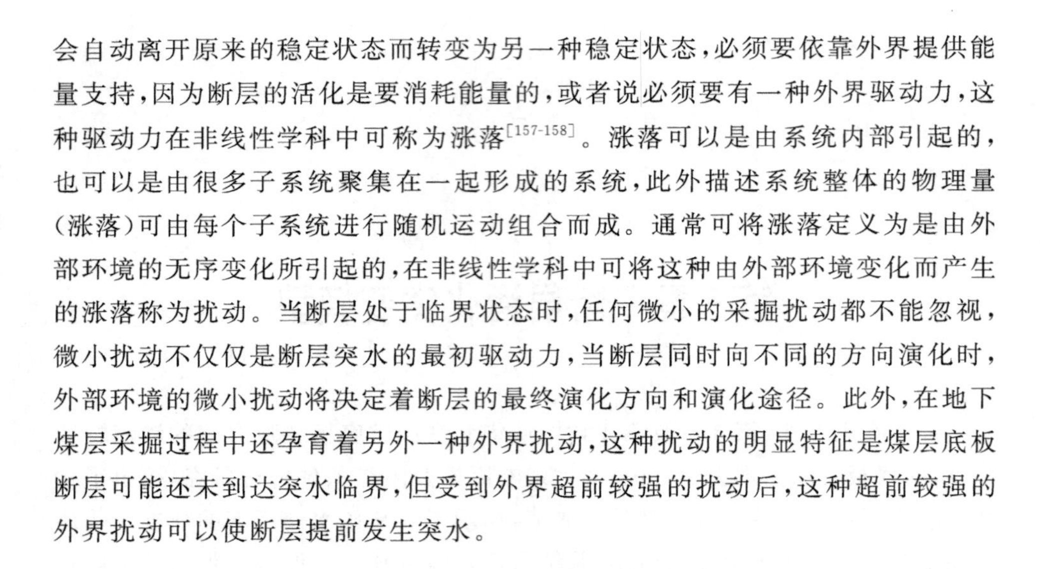
会自动离开原来的稳定状态而转变为另一种稳定状态，必须要依靠外界提供能量支持，因为断层的活化是要消耗能量的，或者说必须要有一种外界驱动力，这种驱动力在非线性学科中可称为涨落[157-158]。涨落可以是由系统内部引起的，也可以是由很多子系统聚集在一起形成的系统，此外描述系统整体的物理量（涨落）可由每个子系统进行随机运动组合而成。通常可将涨落定义为是由外部环境的无序变化所引起的，在非线性学科中可将这种由外部环境变化而产生的涨落称为扰动。当断层处于临界状态时，任何微小的采掘扰动都不能忽视，微小扰动不仅仅是断层突水的最初驱动力，当断层同时向不同的方向演化时，外部环境的微小扰动将决定着断层的最终演化方向和演化途径。此外，在地下煤层采掘过程中还孕育着另外一种外界扰动，这种扰动的明显特征是煤层底板断层可能还未到达突水临界，但受到外界超前较强的扰动后，这种超前较强的外界扰动可以使断层提前发生突水。

5.2 断层带介质水致弱化特性

从断层形成的地质历史角度来看，断层的形成是岩体宏观破坏的表现形式，当岩体所承受的挤压应力超过岩体的极限强度后，将会导致岩体的体积发生膨胀扩张，出现微裂隙并在岩体弱面附近不断聚集，形成断层面，断层面形成后随着外界挤压力的不断增大，将会导致断层两盘出现相对滑动，形成一定的空间，当滑移空间被破碎的岩石充填后，便形成了断层破碎带。如果断层带中充填的破碎岩石比较密实，胶结性较强，将会在很大程度上降低断层带充填物的整体渗透性，使得断层带具有明显的整体结构特征。地下煤层回采过程中，在矿山压力和承压水的长期共同作用下，断层带内的介质发生了损伤，产生了非弹性变形，出现了滑移错动。之后，因损伤的累积导致了强度的部分丧失（损伤弱化），因而这部分介质的本构关系可用式(5-1)表示，见图 5-1。

$$\tau=\begin{cases}\dfrac{G_{e1}u}{b} & (u<u_b)\\[2ex] \tau_b+G_{e2}\dfrac{u-u_b}{b} & (u\geqslant u_b)\end{cases}\tag{5-1}$$

式中，G_{e1} 和 G_{e2} 分别为破碎带内岩体对应于 $u<u_b$ 和 $u\geqslant u_b$ 的等效剪切模量；u_b 和 τ_b 分别为破碎带内岩块被剪断时的临界位移和剩余抗剪强度；b 为断层带宽度。

此外，煤层底板断层由于长期受地下水的侵蚀，在地下水的泥化作用下通过含水层基岩裂隙渗入断层，并在断层带中导升到一定高度，因而这部分岩体介质具有应变软化的性质，本构关系[159]可采用式(5-2)的负指数关系来描述(图5-1)。

$$\tau=\frac{G_s u}{b}e^{-(\frac{u}{u_0})} \tag{5-2}$$

式中，G_s 为初始剪切模量；u_0 为剪应力峰值点对应的位移。

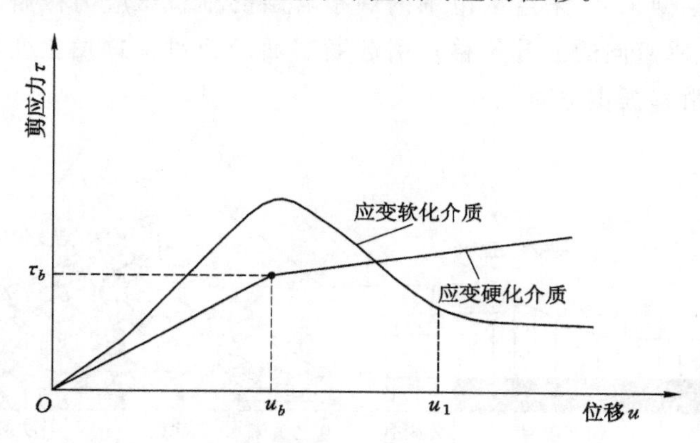

图5-1　断层破碎带内两种不同介质的本构关系曲线

为考虑断层的损伤弱化性质及反映断层介质含水量对其强度的影响情况，同时保留断层本构关系的强非线性特征，笔者在两个区段剪应力与变形式中引入水致函数来简化断层内剪应力和滑移错动位移间的关系，即

$$f(w)=(1-K_w)(1-w)^2+\zeta \tag{5-3}$$

式中，$f(w)$为一个单调下降的函数，在干燥情况下，$w=0$，$f(0)=1$，在饱和情况下，$w=1$，$f(1)=K_w<1$；K_w 为岩体的软化系数；w 为饱和度。对于不同介质水致弱化函数的具体表现形式可根据实验数据拟合得出。

5.3　断层活化失稳非线性模型

5.3.1　力学模型

根据以岩层运动为中心的矿山压力控制理论，在采场推进过程中，工作面底板在回采前后的变化特征见图5-2，可以看出，工作面底板具有采前压缩和采后膨胀的特点，且采前距工作面距离较远时便出现了应力的超前影响，直到采后顶板垮落压实后应力才逐渐恢复。如果工作面在回采过程中遇到断层，工作面迎头到采后应力完全恢复这段采空区内的底板将会受到断层的影响而产生移动膨胀，发生突水事故。假设煤层底板下方存在灰岩高承压水，而且发育有一断层将之与采场工作面底板连通，断层的倾角为 α，宽度为 b。工作面回采之前，在煤层底板上作用有原始垂直向的压应力，断层中无水及水压作用，处于闭合状态。煤层回采后，采空区范围内底板岩层的垂直压应力被解除，出现弹性恢复(即产生垂直向的上升位移)，引起断层面的相对位置发生变化，为底板断层两盘岩体滑移提供空间。

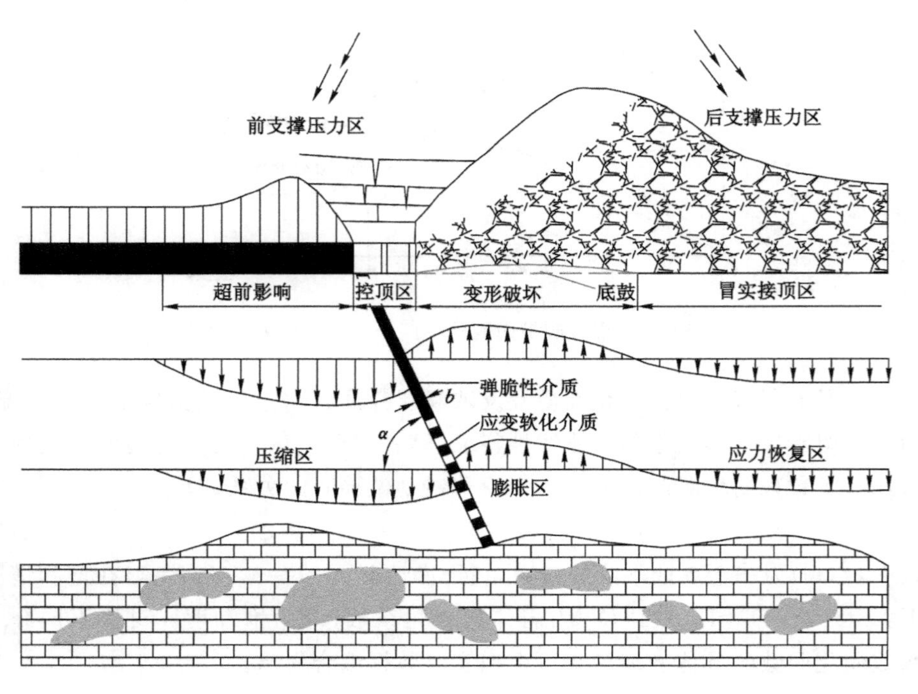

图 5-2　采动断层活化力学模型

设断层破碎带内存在着胶结强度不一致的岩桥、凸起体及障碍体等锁固体，且在某一剪应力作用下，某些强度低、胶结能力较弱、受水的软化作用及剪切应力大的破碎带介质，当所受应力超过其峰值后具有应变软化特性，而另外一些破碎带介质由于强度较高或所受剪切应力较小，因而该区段内介质具有弹性的特性(弹脆性介质)，在外力作用下其抵抗变形的能力随着变形的逐渐增大

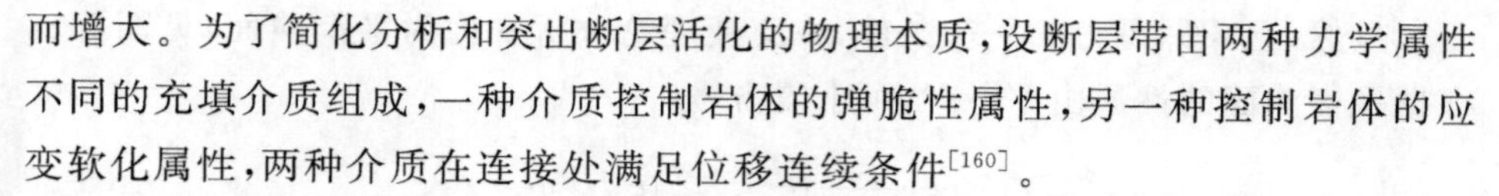

而增大。为了简化分析和突出断层活化的物理本质,设断层带由两种力学属性不同的充填介质组成,一种介质控制岩体的弹脆性属性,另一种控制岩体的应变软化属性,两种介质在连接处满足位移连续条件[160]。

考虑水致弱化效应作用,可将断层带弹脆性区段介质的本构关系取为:

$$\tau=\begin{cases} f_1(w_1)\dfrac{G_{e1}u}{b} & (u\leqslant u_b) \\ f_1(w_1)\left(\tau_b+G_{e2}\dfrac{u-u_b}{b}\right) & (u>u_b) \end{cases} \tag{5-4}$$

而应变软化区段介质的本构关系为:

$$\tau=f_2(w_2)\frac{G_s u}{b}\mathrm{e}^{-\left(\frac{u}{u_0}\right)} \tag{5-5}$$

5.3.2　突变模型

对图 5-2 所示系统,总势能为断层带锁固段应变能及采动断层滑动势能之和可表示为:

$$V=\begin{cases} l_s f_2(w_2)\displaystyle\int_0^u \frac{G_s u}{b}\mathrm{e}^{-\left(\frac{u}{u_0}\right)}\mathrm{d}u+\frac{1}{2}f_1(w_1)\frac{G_{e1}l_e}{b}u^2-(mg-P_w L)u\sin\alpha & (u\leqslant u_b) \\ l_s f_2(w_2)\displaystyle\int_0^u \frac{G_s u}{b}\mathrm{e}^{-\left(\frac{u}{u_0}\right)}\mathrm{d}u+\frac{1}{2}f_1(w_1)\frac{G_{e2}l_e}{b}u^2+ & \\ \quad f_1(w_1)\left(\tau_b-\dfrac{G_{e2}u_b}{b}\right)l_e u-(mg-P_w L)u\sin\alpha & (u>u_b) \end{cases} \tag{5-6}$$

式中,l_e、l_s 分别为弹脆性介质和应变软化介质在滑动面上的总长度,$(l_e+l_s)\sin\alpha=H$;P_w 为沿承压水均布载荷;L 为承压水上覆岩体受采动影响滑移的宽度;mg 为断层上盘向上滑动岩体的重量;u 为岩体沿断面相对滑动的距离;$G_{e1}=G_{e2}=G_e$。

按尖点突变模型,选取 u 为状态变量,根据 $\mathrm{d}V/\mathrm{d}u=0$ 得平衡曲面为:

$$V'=\begin{cases} l_s f_2(w_2)\dfrac{G_s u}{b}\mathrm{e}^{-\left(\frac{u}{u_0}\right)}+f_1(w_1)\dfrac{G_{e1}l_e}{b}u-(mg-P_w L)\sin\alpha & (u\geqslant u_b) \\ l_s f_2(w_2)\dfrac{G_s u}{b}\mathrm{e}^{-\left(\frac{u}{u_0}\right)}+f_1(w_1)\dfrac{G_{e2}l_e}{b}u+ & \\ \quad f_1(w_1)\left(\tau_b-\dfrac{G_{e2}u_b}{b}\right)l_e-(mg-P_w L)\sin\alpha & (u<u_b) \end{cases} \tag{5-7}$$

显然，上式即是力的平衡条件，在突变理论分析中称为平衡曲面，见图 5-3，根据平衡曲面的性质由 $V'''=0$，可求得方程：

$$f_2(w_2)\frac{G_s l_s}{u_0 b}\left(\frac{u}{u_0}-2\right)e^{-(\frac{u}{u_0})}=0 \tag{5-8}$$

进而求出尖点处的位移，即：

$$u_1=2u_0 \tag{5-9}$$

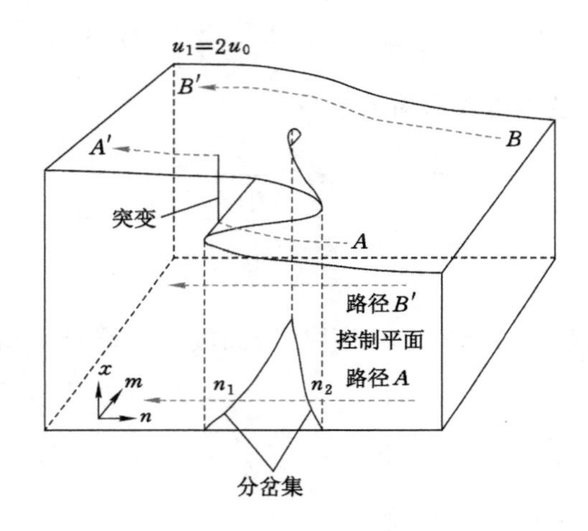

图 5-3　尖点突变模型

将平衡曲面式(5-7)相对于尖点处状态变量 u_1 做泰勒展开，截取至三次项化简，并做变量代换，可得到尖点突变的标准形式[161]：

$$x^3+mx+n=0 \tag{5-10}$$

式中，

$$x=\frac{u-u_1}{u_1} \tag{5-11}$$

$$m=\frac{3}{2}(K-1) \tag{5-12}$$

$$n=\frac{3}{2}(1+K-K\xi) \tag{5-13}$$

其中，

$$K=\frac{f_1(w_1)G_e l_e e^2}{f_2(w_2)G_s l_s} \tag{5-14}$$

$$\xi=\begin{cases}\dfrac{(mg-P_{\mathrm{w}}L)b\sin\alpha}{f_1(w_1)G_{\mathrm{e}}l_{\mathrm{e}}u_1} & (u_b\geqslant u_1)\\[2ex] \dfrac{\left[f_1(w_1)(\tau_b-\dfrac{G_{\mathrm{e}}u_b}{b})l_{\mathrm{e}}-(mg-P_{\mathrm{w}}L)\sin\alpha\right]b}{f_1(w_1)G_{\mathrm{e}}l_{\mathrm{e}}u_1} & (u_b<u_1)\end{cases} \tag{5-15}$$

式中，参数 K 为断层破碎带内弹脆性介质对应弹脆性区段内的等效剪切刚度 $K_{\mathrm{e}}=f_1(w_1)G_{\mathrm{e}}l_{\mathrm{e}}/b$ 与对应于本构曲线拐点处、应变软化性质区段内介质等效剪切刚度的绝对值 $K_{\mathrm{s}}=f_2(w_2)G_{\mathrm{s}}l_{\mathrm{s}}\mathrm{e}^{-2}/b$ 之比，称作刚度比；参数 ξ 与岩体自重、承压水压力、断层规模尺寸、介质力学参数等有关，称为几何-力学参数。

在满足式(5-10)的平衡条件中，为求得 P_{w}的极小值，可对 x 求导得

$$3x^2+m=0 \tag{5-16}$$

联立式(5-10)和式(5-16)消去 x 并代入式(5-12)和式(5-13)得到交叉集方程的标准式为：

$$2(K-1)^3+9(1+K-K\xi)^2=0 \tag{5-17}$$

由式(5-17)可知，当 $m\leqslant 0$ 时，系统才能跨越分叉集发生突变，D 才可能等于 0，因而断层活化的必要条件为：

$$K\leqslant 1 \tag{5-18}$$

即断层带中介质弹脆性区段的刚度与对应于本构关系曲线拐点处、应变软化性质区段介质刚度的绝对值之比不大于 1。显然，当弹脆性区段介质的刚度越小，应变软化区段介质刚度越大，断层越容易发生突变滑移而发生突水。刚度比是由系统几何尺寸和材料性质决定，因此煤层底板断层活化突水的必要条件取决于整个断层系统的内部特性，如果断层破碎带内介质充填较为密实，具有应变强化的特性(不存在应变软化的特性)或理想塑性的特征(两段都是)，那么断层一定不会发生突水。此外也可以这样理解，K 为断层进入活化失稳临界状态的原因，当 K 很小时，应变软化介质的峰后曲线越陡，在峰后强度某个变形增量 Δu 时，其承担剪切应力下降很大，应变硬化介质将承担更大的剪切应力而进入临界破坏状态，这样致使断层破碎带两侧的岩体整体上进入临界滑动状态。显然，只有当变形进入应变软化介质的峰后变形阶段时，才可能有 $K\leqslant 1$，这说明了强度准则只是判别采动断层进入活化临界状态的必要条件之一。

当控制变量(m、n)满足 $2(K-1)^3+9(1+K-K\xi)^2=0$ 且 $K<1$ 时，说明煤层底板断层在内外因作用下处于平衡状态。但这些影响因素(控制变量)的变化微小，引起平衡状态的变化也是微小的，对应于断层活化滞后型突水也是

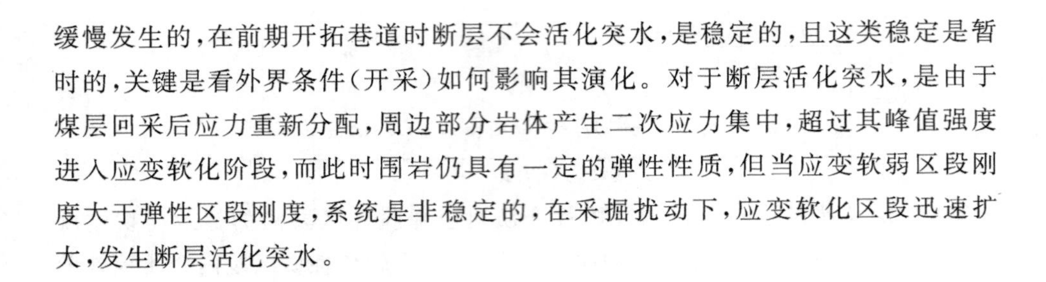

缓慢发生的，在前期开拓巷道时断层不会活化突水，是稳定的，且这类稳定是暂时的，关键是看外界条件（开采）如何影响其演化。对于断层活化突水，是由于煤层回采后应力重新分配，周边部分岩体产生二次应力集中，超过其峰值强度进入应变软化阶段，而此时围岩仍具有一定的弹性性质，但当应变软弱区段刚度大于弹性区段刚度，系统是非稳定的，在采掘扰动下，应变软化区段迅速扩大，发生断层活化突水。

5.4 断层活化失稳机理

5.4.1 n 值变化与断层滑动三阶段的关联性

将式(5-14)和式(5-15)代入式(5-13)，得到：

$$n=\begin{cases}\dfrac{3G_e l_e e^2}{2G_s l_s}\left[\dfrac{G_s l_s}{G_e l_e e^2}+\dfrac{f_1(w_1)}{f_2(w_2)}-\dfrac{(mg-P_w L)\sin\alpha}{f_2(w_2)G_e l_e}\right] & (u_b\geqslant u_1)\\[2ex] \dfrac{3G_e l_e e^2}{2G_s l_s}\left[\dfrac{G_s l_s}{G_e l_e e^2}+\dfrac{f_1(w_1)}{f_2(w_2)}-\dfrac{f_1(w_1)\left(\tau_b-\dfrac{G_e u_b}{b}\right)l_e-(mg-P_w L)\sin\alpha}{f_2(w_2)G_e l_e}\right] & (u_b<u_1)\end{cases}\tag{5-19}$$

由式(5-19)可知，n 的符号和断层破碎带内应变硬化介质对应区段内的等效剪切刚度 $K_e=f_1(w_1)G_e l_e/h$ 与对应于本构曲线拐点处、应变软化性质区段内介质等效剪切刚度的绝对值 $K_s=f_2(w_2)G_s l_s e^{-2}/b$ 有关。$n>0$，$n=0$ 和 $n<0$ 分别对应着系统运动加速度为负（减速变形），为零（匀速变形），为正（加速变形）的情况。

如图 5-3 所示，在三维空间坐标中分别有控制参数 m、n（平面坐标）和状态变量 x（垂直坐标）。分叉集方程式(5-17)给出了(m、n)控制平面的一个半立方抛物线，从图 5-3 中下部可以看出它是由两叶组成，实际上是平衡超曲面的上下两叶的折屈边界在系统控制参数平面的投影。因而控制参数平面被分叉集(m、n)划分为两个区域，其中一个在叉形三角形区域内，另一个在外部。将平衡曲面投影至控制参数平面上，分叉集将控制参数平面分为五个分区。图 5-4 给出了各分区对应的势函数曲线，小球的位置代表系统所处的位置。

(1) 在区域 E 中，当 $D>0$ 时，式(5-10)只有一个实根，对应的势函数曲线只有一个最小值。即 m、n 在三角形区域之外只有一个交点，仅穿越上叶或下

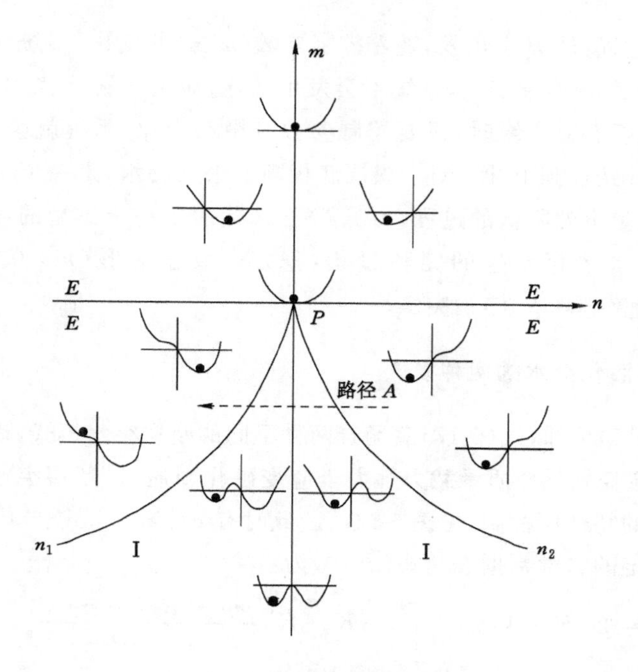

图 5-4 不同 m、n 值的势函数 V

叶，为稳定点，系统处于稳定状态，不会发生突变导致断层活化突水。

(2) 在区域Ⅰ中，当 $D<0$ 时，式(5-10)有三个不相等的实根，对应的势函数曲线有两个最小值。即在三角形区域内系统有三个平衡点，一个在上叶和一个在下叶(稳定点)，还有一个在折屈中叶(不稳定点)。

(3) 在 n_1 或 n_2 上，当 $D=0$ 时，式(5-10)有三个实根，且其中有两个相等，在 n_1 上两个较小实根相等，在 n_2 上两个较大实根相等，对应的势函数有一个最小值和一个拐点，且相等的两个平衡点一个在上叶或下叶(稳定)，另一个在中叶折屈边界(不稳定)。煤层底板断层活化是断层两盘从一个不稳定平衡状态(势函数曲线拐点处)跳跃到另一个稳定平衡状态(势函数曲线最小值处)的过程，出现断层两盘状态变量 x 的突然增大，系统沿路径 A 向左穿越 n_1，正是这样一个过程。

(4) 在 P 点上，当 $D=0$，且 $m=0$、$n=0$ 时，式(5-10)有三个相等的实根，对应的势函数曲线只有一个最小值，当系统穿越分岔集尖点时，发生状态跳跃，但由于前后两种状态相同，不会发生断层活化突水。

此外，图 5-3 中的路径 A 可以代表一个典型的煤层开采底板断层失稳活化突水的完整过程：从 B 点出发，随着控制参数（m、n）的变化，系统状态沿路径 B 演化到 B'，状态量连续变化，系统不会发生变化；而系统从 A 点出发，沿路径 A 演化，当接近折叠翼边缘时，只要控制参数有微小变化，系统就会发生突变，从折叠翼的下叶跃迁到上叶。对于煤层底板断层采动突水，是一个状态量 x 突然变大，断层能量突然降低的过程，可见路径 A 代表了一个典型的煤层底板在采动条件下突水孕育发生的完整过程：稳定—减速变形（$n>0$）—匀速变形（$n\approx 0$）—加速变形（$n<0$）—突水。

5.4.2 断层活化突水的两种模式

从式(5-15)可知，式(5-17)蕴涵着两种不同的断层突水模式，现分述如下。

(1) 当应变软化介质承载力远大于应变硬化介质时，断层突水将主要由应变软化介质的特性所控制，见图 5-5(a)。此时有 $u_b \geqslant u_1$，由式(5-15)和式(5-17)可得到其稳定的力学判据表达式（$n<0$）为：

$$D = 2(K-1)^3 + 9\left[1 + K - K\frac{(mg - P_w L)b\sin\alpha}{f_1(w_1)G_e l_e u_1}\right]^2 = 0 \qquad (5\text{-}20)$$

临界突水压力表达式为：

$$P_w = mg/L - f_2(w_2)G_s l_s u_1\left[1 + K - \frac{\sqrt{2}}{3}(1-K)^{\frac{3}{2}}\right]/(bL\mathrm{e}^2\sin\alpha) \qquad (5\text{-}21)$$

(2) 当系统的承载力由应变软化和应变硬化介质共同承担时，断层活化突水将由两种介质的特性共同控制，见图 5-5(b)，此时有 $u_b < u_1$，由式(5-15)和式(5-17)可得到其稳定的力学判据表达式（$n<0$）为：

$$D = 2(K-1)^3 + 9\left\{1 + K - K\frac{h\left[f_1(w_1)\left(\tau_b - \frac{G_e u_b}{b}\right)l_e - (mg - P_w L)\sin\alpha\right]}{f_1(w_1)G_e l_e u_1}\right\}^2 = 0 \qquad (5\text{-}22)$$

临界突水压力表达式为：

$$P_w = mg/L - f_1(w_1)\left(\tau_b - \frac{G_e u_b}{b}\right)l_e/(L\sin\alpha) - f_2(w_2)G_s l_s u_1\left[1 + K - \frac{\sqrt{2}}{3}(1-K)^{\frac{3}{2}}\right]/(bL\mathrm{e}^2\sin\alpha) \qquad (5\text{-}23)$$

可以看出，断层活化失稳与应力-应变曲线特征密切相关，应变软化介质的峰后曲线斜率与应变硬化介质在屈服点前后的剪切模量变化特征决定着断层活化失稳的模式，表明今后应高度重视对岩土介质本构方程曲线及刚度特征的研究。此外，从式(5-13)还可以看出，ξ 越大越容易满足的条件导致断层活化突水。在其他参数都相同的情况下，第一种模式的条件比第二种模式的条件更容易满足，表明第一种模式更容易发生突水。

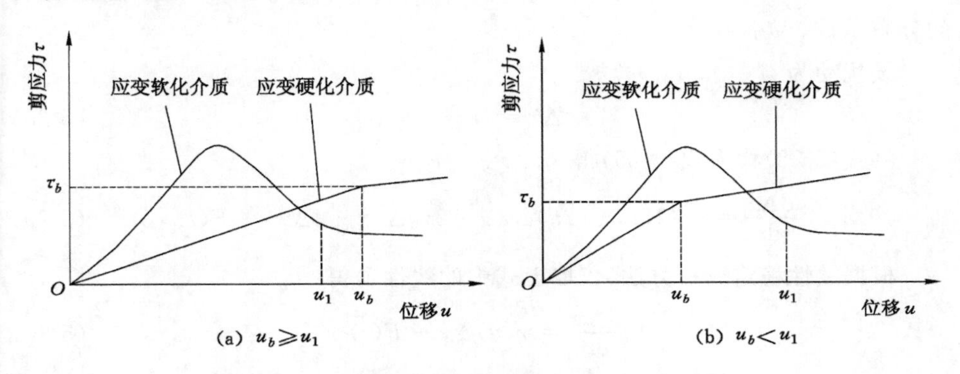

图 5-5　两种不同突水模式的剪应力-位移图

5.4.3　临界微扰动诱发突水灾害的突变机理

从现代非线性的角度可知，在临界点处扰动的诱发作用主要是通过扰动的放大效应来实现的。在临界点附近，由于此时的系统处于一个高度不稳定环境中，只要该环境中出现任何一个微小的扰动，都将会被放大，在临界点附近转变为巨大的扰动，正是由于这种巨大的扰动驱动着煤层底板断层向新的状态演化[158]。根据突变理论建立的煤层底板断层活化突水的状态方程为：

$$\frac{\mathrm{d}x}{\mathrm{d}t} = 4x^3 + 2ux + v \tag{5-24}$$

式中，u，v 为控制变量。

考虑到外界的采掘扰动作用，以 $F(t)$ 表示外界的扰动力，则上式可变为：

$$\frac{\mathrm{d}x}{\mathrm{d}t} = -4x^3 - 2ux - v + F(t) = f(x,s) + F(t) \tag{5-25}$$

由于外界扰动往往具有较大的随机性，因而可用高斯分布来描述，高斯型分布函数为[158]：

$$W(t) = \frac{1}{\sqrt{2\pi Q}}\mathrm{e}^{\frac{-F^2}{2Q}} \tag{5-26}$$

则有

$$\left.\begin{aligned}\langle F(t)\rangle \geqslant 0 \\ \langle F(t)F(t')\rangle \geqslant Q\delta(t-t')\end{aligned}\right\} \tag{5-27}$$

式中，$\langle\cdots\rangle$表示统计平均值，δ为Dirac函数，当t等于t'时，取值为1，当t不等于t'时，取值为零；Q为随机扰动的方差；$\langle F(t)F(t')\rangle$为关联函数；$W(t)$为$F(t)$的分布函数。

设扰动为

$$\Delta x = x - x_0 \tag{5-28}$$

将式(5-28)代入式(5-25)得

$$\frac{\mathrm{d}\Delta x}{\mathrm{d}t} = -(12x_0^2 + 2u)\Delta x - 12x_0\Delta x^2 - 4\Delta x^3 + F(t) \tag{5-29}$$

根据线性稳定分析方法，仅取上式中的线性项得

$$\frac{\mathrm{d}\Delta x}{\mathrm{d}t} = \eta(u)\Delta x + F(t) \tag{5-30}$$

式中

$$\eta(u) = -(12x_0^2 + 2u) \tag{5-31}$$

从突变理论的角度来看，式(5-31)刚好是标准尖点突变的奇点集方程，由线性稳定性判据可知

$$\left.\begin{aligned}\eta(u) < 0 \quad & \text{渐进稳定} \\ \eta(u) > 0 \quad & \text{不稳定} \\ \eta(u) = 0 \quad & \text{临界稳定}\end{aligned}\right\} \tag{5-32}$$

对式(5-30)积分，可得出其解为：

$$\Delta x(t) = \int_{-\infty}^{t} \mathrm{e}^{\eta(t-\tau)} F(\tau)\mathrm{d}\tau \tag{5-33}$$

进一步根据式(5-26)、式(5-27)和式(5-31)可求得扰动的关联函数：

$$\langle \Delta x(t+t')\Delta x(t)\rangle \geqslant \frac{Q}{2|\eta|}\mathrm{e}\eta\tau \tag{5-34}$$

关联函数$\langle\Delta x(t+t')\Delta x(t)\rangle$反映了两个相距为$\tau$的扰动之间的关联(相互制约、相互依存)程度。由式(5-34)可作出扰动的关联程度与时间τ和η的关系图(图5-6)。

由图5-6(a)可知，当系统处于稳定状态时扰动随时间逐渐衰减，即当系统处于一般状态(非临界状态)时，一般扰动主要以随机的、各自独立的方式出现，对整个系统演化的影响较小，系统处于稳定状态；当系统接近于临界状态时，外

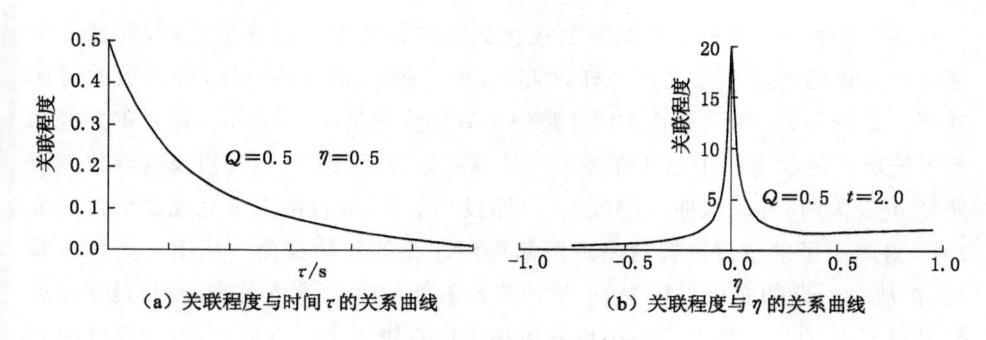

(a) 关联程度与时间 τ 的关系曲线　　(b) 关联程度与 η 的关系曲线

图 5-6　关联函数变化曲线

界扰动已不再是相互独立的，而是相互关联的。从图 5-6(b)中可以看出，当 $\eta \to \eta_c = 0$ 时，扰动的关联程度剧增，此时，本身幅度不仅大大增加，而且相互关联，相互嵌套，出现长程关联，使各个扰动“协同”起来共同作用，把系统驱向新的状态，这便是临界微扰动效应的本质所在。

5.4.4　超前强扰动诱发突水灾害的突变机理

在图 5-3 中，假设控制参数 m 为一常数，则图 5-3 所示的平衡曲面变化为图 5-7 所示的曲线。若系统按正常的路径演化(不存在强扰动)，则应按 $A \to B \to B' \to C' \to C$ 的路径，然后突跳到 D(或按 $D \to D' \to E' \to E$ 突跳到 B)的路径演化发展。若系统处于靠近临界点 C' 或 E' 时，外部环境突然对其施加一个强扰动，则系统便会沿 $A \to B \to B' \to C' \to D'$(或 $D \to D' \to E' \to B'$)的路径提前发生失稳。

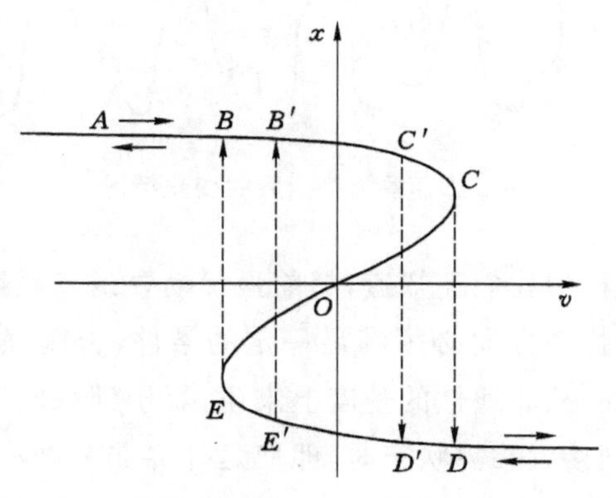

图 5-7　系统演化路径

图 5-3 中所示的控制参数平面被状态轴和分叉集分为 6 个区域，在这 6 个区域中方程的解的个数也不一样，所对应的系统状态也不一样，各区域的势函数形式见图 5-4。为了更具体地考察势函数的变化情况，沿图 5-4 所示的路径 A 把系统所处的状态用小球所在位置的势函数来表示(图 5-8)。当控制参数 n 沿路径 A 变大时，势函数曲线的吸引子(即极小值点)数目由 1 个变成 2 个再变成 1 个，且吸引子的位置也按右侧到两侧再到左侧的规律变化。从图 5-8 可以看出，在从 $A \to D$ 的变化过程中，小球始终被右侧的吸引子所吸收，即便是在接近临界点 C' 处的势函数左侧极小点的极小值比右侧还小时也如此，直到系统演化真正到达临界点 C 时，在外界微小扰动作用下小球才突跳到左侧吸引子。事实上，当系统演化到距离临界点不远处时(例如图 5-8 中的 C')，从势能的观点看，由于系统是处在势能局部极小值点 A，而不是势能全局最小值点 B(图 5-9)，按照“最小势能原理”，系统并未处在最稳定的状态。从概率密度曲线上来看，小球处于 B 点的概率大于 A 点的概率。但 A 点毕竟是一个局部极小值，系统在 A 点可以保持稳定状态，只有通过外界扰动才能使小球从 A 点转向 B 点，但并不是所有的外界扰动都能发生这种转化，只有当扰动从方向和强度上都能让图 5-9 中的小球从 A 点跨越势脊 C 点，才能使系统的最终演化状态越于 B 点，达到最终稳定状态。此时，系统的演化路径发生了变化，与图 5-7 对应的演化路径变为 $A \to B \to B' \to C'$，然后突跳到 D'，系统的演化进程与正常情况相比发生了变化(图 5-10)，而且在演化过程中外界扰动强度一般需要大于正常演化所需的临界微扰动。

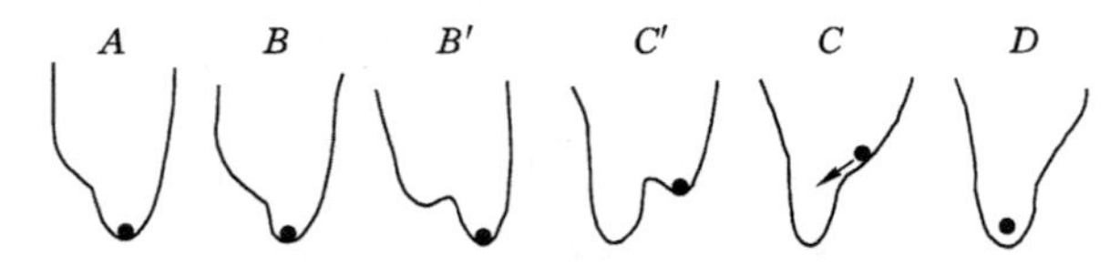

图 5-8　系统势函数的变化情况

同时，从上述分析中我们还知道，超前强扰动要诱发系统失稳，不但与强扰动强度有关，而且强扰动方向必须满足一定的条件，否则强度再大也不一定能导致系统失稳。此外，从非线性的角度上来说，煤层回采临近断层，当断层两盘及破碎带岩体演化到接近临界状态时，即使是外界非常微小的扰动都可能诱发断层活化突水，因为扰动之间通过长程关联，将各个相邻的扰动组织起来，最终将断层系统从一种稳定状态推向了另一种新的稳定状态；当煤层回采距离断层

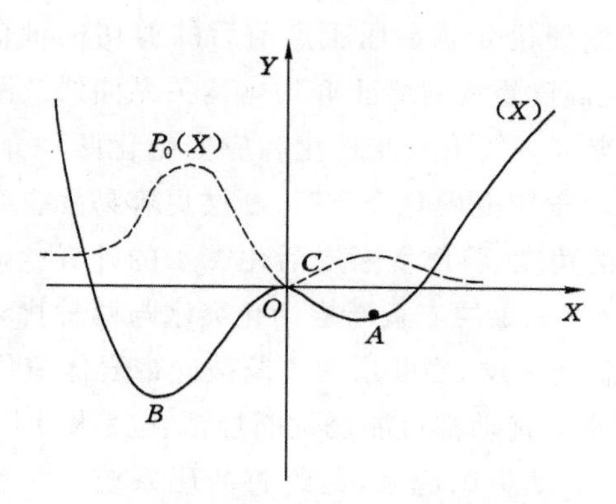

图 5-9　全局最小点与局部极小点

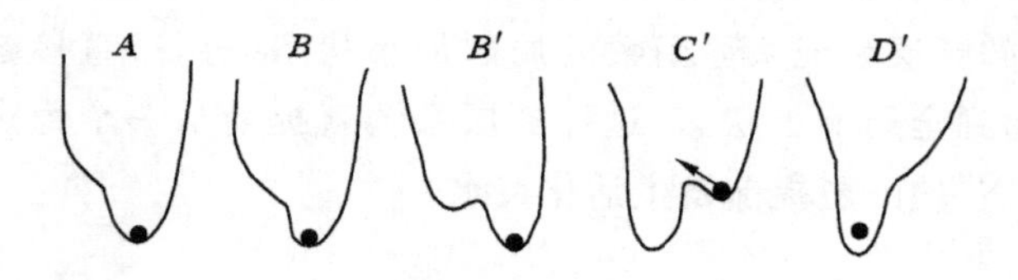

图 5-10　强扰动效应示意图

相对较远时，通过超前的高强度扰动，使处于接近临界稳定状态的断层系统从势函数的局部最小状态(势谷)直接越过微小的势脊，从而直接达到全局最小状态，这样断层系统就提前从一个稳定状态跃向另外一个稳定状态，使断层提前发生活化突水。这种结论可以很好地解释了煤层底板断层活化突水与外界因素的关联性。

5.5　本章小结

基于不同岩土体介质有不同的应力-应变属性，同一种介质也可能有不同的应力-应变属性的理念，考虑断层破碎带中介质的不同力学性质及外界采掘扰动的影响，用突变理论建立尖点突变模型，研究发现：

(1) 断层活化失稳突水除了和断层宽度、倾角、距离承压水距离以及上覆岩体重量、下伏水体分布范围有关外，还与破碎带内岩石弹脆性介质和应变软化介质的性质及断面所受岩石抗剪强度等指标有关。

(2) 断层活化失稳与岩土体应力-应变曲线特征密切相关，应变软化介质的峰后曲线斜率与应变硬化介质在屈服点前后的剪切模量变化特征决定着断层活化失稳的模式，应高度重视对岩土介质本构关系曲线及刚度特征的研究。

（3）断层活化突水一般由应变软化和应变硬化两种介质共同控制，当应变软化介质承载力远大于应变硬化介质时，断层更容易发生突水。

（4）从非线性的角度，将诱发断层活化突水的外界扰动条件分为临界微扰动和超前强扰动，分析了煤层底板断层活化突水与两种扰动条件的关联性。

（5）煤层回采临近断层，当断层两盘及破碎带岩体演化到接近临界状态时，即使是外界非常微小的扰动都可能诱发断层活化突水，因为扰动之间通过长程关联，将各个相邻的扰动组织起来，最终将断层系统从一种稳定状态推向另一种新的稳定状态。

（6）当煤层回采距离断层相对较远时，通过超前的高强度扰动，使处于接近临界稳定状态的断层系统从势函数的局部最小状态（势谷）直接越过微小的势脊，从而直接达到全局最小状态，这样断层系统就提前从一个稳定状态跃向另外一个稳定状态，使断层提前发生活化突水。

第6章 工程应用实践

选取兖矿集团杨村煤矿4603工作面及郑煤集团裴沟煤矿32071工作面进行底板断层采动活化监测，以检验断层带岩体阻渗强度评价方法及断层活化突变模型的适用性，为底板带压开采构造扰动底板突水危险性评价提供理论依据。

6.1 杨村煤矿4603工作面底板断层采动阻渗条件实测

6.1.1 工作面地质条件

4603工作面南距丁家庄260 m，北至后侯家营村庄保护煤柱，西距北许庄250 m，工作面西南部上方为烟花厂（已废弃）。该工作面主要开采$16_{上}$煤，煤层总厚度为0.97～1.50 m，平均厚度为1.25 m，结构相对较为简单，整个采区内稳定可采。工作面走向长1 204 m，倾向长118.8～201.0 m；标高为－185～－258 m，平均－220 m；地面标高41.90～43.32 m，平均42.69 m。工作面地层走向为NE～SW向，倾向SE向，为单斜构造，煤层倾角4°～11°，平均倾角9°。

该工作面地质条件复杂，掘进过程中共揭露14条断层，其中：正断层6条，为4603上巷揭露的$4603F_5$、$4603F_6$、$4603F_7$、$4603F_8$、$4603F_9$以及下巷揭露的$4602F_7$正断层，断层落差大、两侧煤层破碎；逆断层8条，为4603上巷揭露的$4603F_3$、$4603F_4$、$4603F_{10}$逆断层，4603中巷揭露的$4603F_1$、$4603F_2$逆断层及4603下巷揭露的$4603F_{11}$、$4602F_8$、$4602F_9$逆断层，倾角较缓，以10°～20°者居多，在逆断层附近煤层有增厚现象。另外，4603上巷近切眼的外侧靠近F_6断层，经三维地震勘探及F_6辅助轨道上车场实际揭露，该断层落差大，将对上巷及切眼掘进有一定的影响。

6.1.2 测试方法及钻孔布设

(1) 测试方法

断层导渗活化监测是在破碎带中布置采动应力及孔隙水压力观测孔，设置应力探头及水压力探头，测试采动过程中该位置岩层的采动矿山压力及孔隙水压力显现情况，然后通过对比分析采动前后各测点探头显现的情况以确定断层是否出现了采动活化导渗。数据采集采用 GSJ-2A 型智能检测仪，该仪器可直接显示附加应力值及水压力值，并可存贮和查看，体积小、质量轻，集成化程度高，耗电省，携带方便，为本质安全型，可用于有瓦斯和煤尘爆炸危险的场所。

(2) 钻孔布设

本次现场实测选择 4603 工作面下伏的 F_6 断层，测孔施工地点选取在探巷测点 K9 附近，总共布置两个观测孔，从该点沿探巷向南约 6 m 依次施工测孔 1 和测孔 2，具体的布孔图见图 6-1。

为能更好地反映出断层受采动矿山压力和孔隙水压力双重作用的显现情况，在测孔 2 中埋设一个应力探头及一个孔隙水压力探头。应力探头埋设在孔隙水压力探头之上，垂深相距 1 m，观测孔设计技术参数见表 6-1。

表 6-1 4603 工作面 F_6 断层观测孔设计技术参数

技术参数	1# 孔	2# 孔
开孔直径(mm)/深度(m)	127/16	127/16
孔口管直径(mm)/长度(m)	110/15	110/15
终孔直径/mm	75	75
钻孔方位/(°)	170	172
钻孔倾角/(°)	−20	−28
孔深/m	36.0	47.0
控制底板最大垂深/m	12.0	22.0
水压力探头埋设斜长/m	29.2	44.0
水压力探头埋设垂深/m	11.0	16.0
应力探头埋设斜长/m	—	41.0
应力探头埋设垂深/m	—	15.0

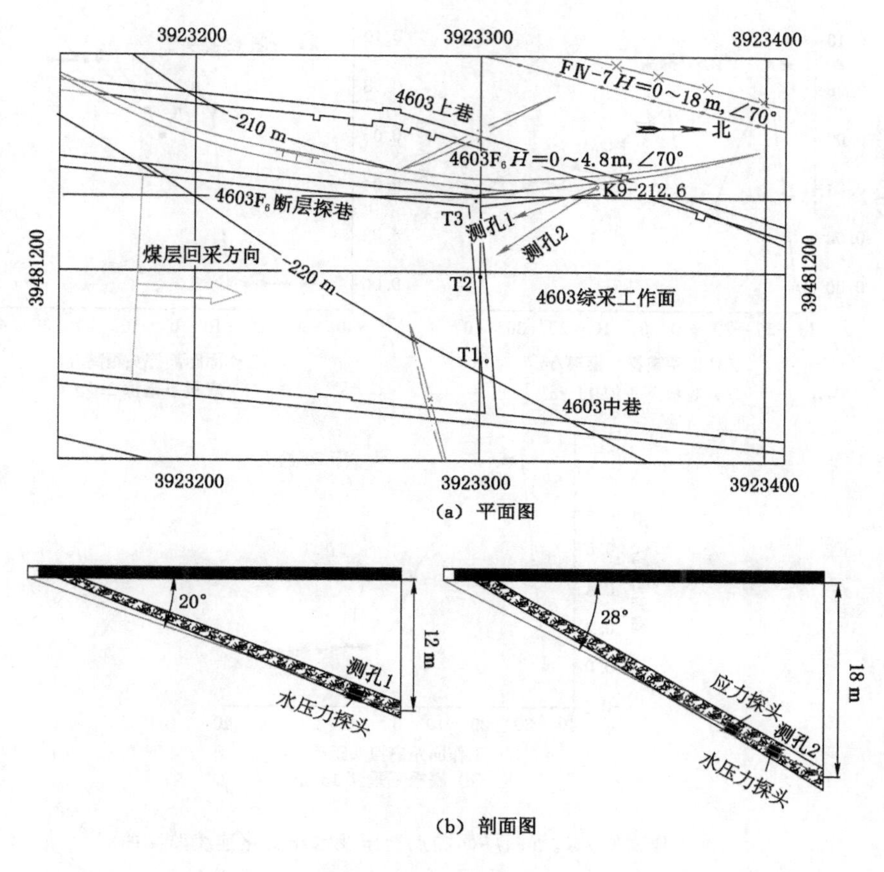

图 6-1　钻孔布设图

6.1.3　回采过程分析

图 6-2 所示为 4603 工作面迎头在 F_6 断层带测点附近连续监测取得的水压、矿压动态变化过程曲线。其中，横坐标正值表示工作面迎头未推过测点，在测点之前；横坐标负值表示工作面迎头推过测点，在测点之后。

从断层带水压力监测结果可以看出，见图 6-2(a)(b)，F_6 断层在垂深 11 m 和 16 m 两个测点位置的水压力受底板采动影响均显现波动现象，波动幅度较小，均不足 0.1 MPa。但二者波动特点具有一定的差异：在工作面超前测点 35 m 至推过测点 35 m 的回采期间，与 1# 孔测点(底板下垂深 11 m 位置)超静孔隙水压显现升压、消散交替变化特点不同，2# 孔测点(底板下垂深 16 m 位置)孔

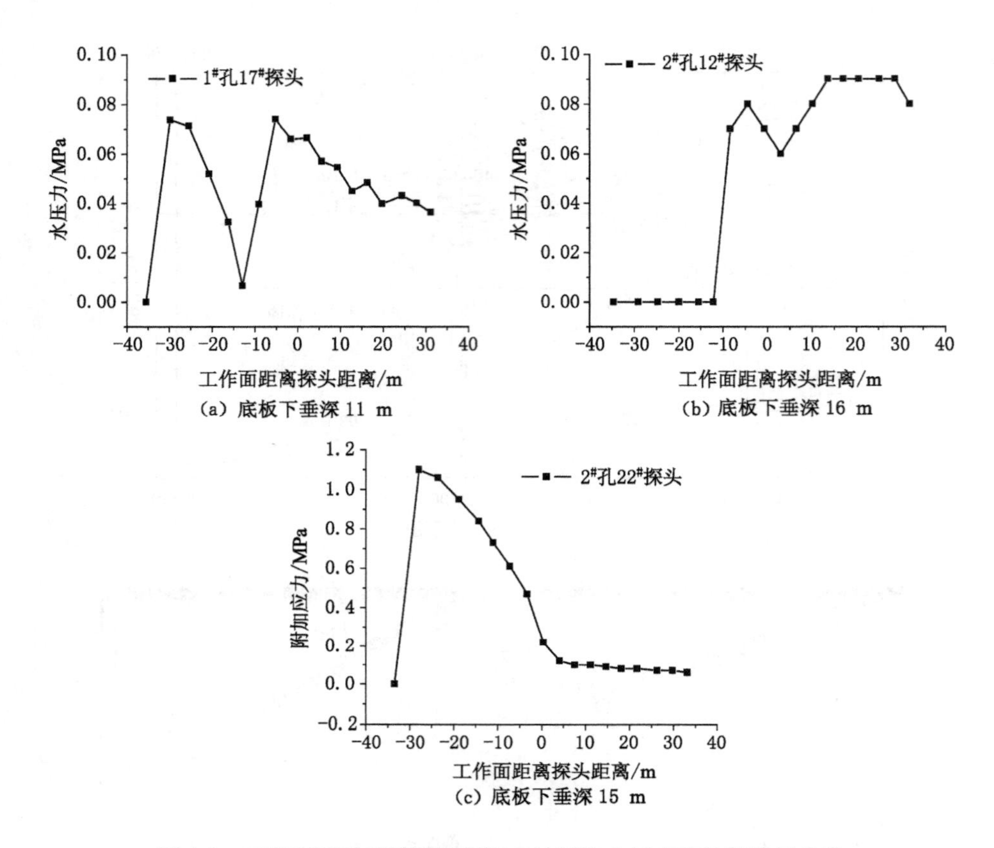

(a) 底板下垂深 11 m

(b) 底板下垂深 16 m

(c) 底板下垂深 15 m

图 6-2 工作面回采过程断层面测点地压及水压变化连续监测曲线

隙水压呈现采前稳定升压、采后即行消散的变化特点。

图 6-2(c)为断层在回采过程中的附加应力变化曲线，可以看出，断层带测点位置在回采过程中受到了矿山压力的循环作用，致使断层带岩体在采前及采后附加应力值相差较大，产生了明显的塑性变形。在工作面迎头超前测点的采动过程中，测点塑性变形荷载基本在 0.2 MPa 以下，而迎头推过测点后，随底板卸压膨胀，塑性变形压力随之升高，最大值变为 1.1 MPa，表明采动对断层部位的放大效果是比较明显的。根据前期 4602 工作面底板采动变形实测结果，底板正常部位的破坏深度不大于 10 m，结合本次底板断层部位垂深 15 m 位置测点的采动应力监测结果，可大致估算出断层带的采动影响深度不小于 15 m。

对比 2# 孔中水压力及附加应力曲线可知，底板下垂深 16 m 位置测点超静孔隙水压力采前随聚压升高、采后随卸压消散，见图 6-2(b)，反映出该测点位置

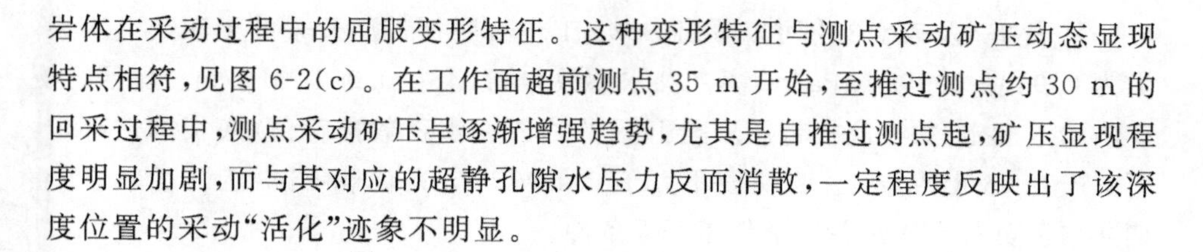

岩体在采动过程中的屈服变形特征。这种变形特征与测点采动矿压动态显现特点相符，见图 6-2(c)。在工作面超前测点 35 m 开始，至推过测点约 30 m 的回采过程中，测点采动矿压呈逐渐增强趋势，尤其是自推过测点起，矿压显现程度明显加剧，而与其对应的超静孔隙水压力反而消散，一定程度反映出了该深度位置的采动“活化”迹象不明显。

6.1.4　阻渗特征分析

断层带在采动过程中水压和地压变化情况的监测结果，不但可为断层带阻渗性评价提供量化依据，也可为底板带压开采突水危险部位实时监测提供有效的技术手段。

(1) 底板带压开采条件

4603 工作面 $16_{上}$ 煤底板标高 −193.7～−256.7 m，$16_{上}$ 煤至十四灰间距 27.72～39.02 m，平均厚度 33.37 m。$16_{上}$ 煤至奥灰间距 53.82～55.87 m，平均厚度 55.87 m。根据临近水文观测孔资料，十四灰水位为 −94.145 m(L14-9 孔，2011 年 7 月 26 日)，奥灰水位为 +13.134 m(O-4 孔，2011 年 7 月 26 日)。分别以 L14-9 孔及 O-4 孔地质水文资料为基础，采用“突水系数”评价工作面正常沉积层序底板的水害程度。突水系数按公式(6-1)计算，计算结果见表 6-2 及表 6-3。

$$T_s = \frac{p}{M} \tag{6-1}$$

式中，T_s 为突水系数，MPa/m；p 为底板隔水层承受的水头压力，MPa；M 为底板隔水层厚度，m。

表 6-2　4603 工作面底板十四灰突水系数表

位置	十四灰顶界面标高/m	十四灰水位标高/m	p /MPa	M /m	T /(MPa/m)
最低点	−290.07	−94.145	1.96	33.37	0.059
最高点	−227.07	−94.145	1.33	33.37	0.040

表 6-3　4603 工作面底板奥灰突水系数表

位置	奥灰顶界面标高/m	奥灰水位标高/m	p /MPa	M /m	T /(MPa/m)
最低点	−314.57	13.134	3.28	57.87	0.057
最高点	−251.57	13.134	2.65	57.87	0.046

从表 6-2 及表 6-3 中可以看出，4603 工作面底板带压开采的十四灰突水系数为 0.040～0.059 MPa/m，奥灰突水系数为 0.046～0.057 MPa/m。比照《煤矿防治水规定》关于底板带压安全开采的临界突水系数推荐值（底板构造部位不大于 0.06 MPa/m，正常块段不大于 0.1 MPa/m），说明 4603 工作面对于十四灰水和奥灰水均具备安全带压开采条件。

（2）断层带阻渗性评价

根据 4603 工作面 $16_上$ 煤与十四灰含水层的间隔距离，结合最下部监测探头（底板下垂深 16 m 位置水压探头）埋设位置，大致可确定出探头沿 F_6 断层面与十四灰顶的间距在 19 m 左右（图 6-3）。

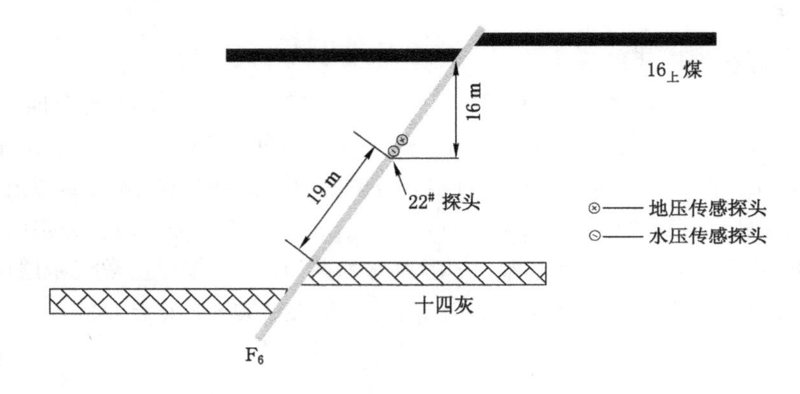

图 6-3　断层带阻渗性计算简图

如前述，工作面回采过程中底板下垂深 16 m 位置水压探头的水压值变化幅度较小，表明测点位置未受到十四灰水的压力补给，由此可以确定出 F_6 断层与十四灰及奥灰之间未发生水力联系，具有较强的阻渗性，在回采过程中未发生活化。如以临近 4603 工作面的 L14-9 孔水位观测资料估算测点至十四灰的压力水头，则可大致确定出断层带的阻渗强度为 0.07～0.10 MPa/m（即：1.33 MPa/19 m～1.96 MPa/19 m），不小于断层带阻渗评价模型中的平均阻渗强度建议值 0.07 MPa/m。此外，计算中选取的参数（底板下垂深 16 m）所处深度位置在回采过程中没有发生渗透破坏，未产生突水，由此可以推断底板下伏承压水的渗流路径并没有上述计算中所选取的长，因此实际工程地质条件下的断层带阻渗强度应该大于上述计算值，表明文中提出的断层带阻渗评价方法是可行的。

6.2　裴沟煤矿 32071 底板 $F_{32\text{-}9}$ 断层采动阻渗性实测

6.2.1　工程背景

裴沟煤矿始建于 1960 年，该矿煤层底板受下伏灰岩岩溶水的威胁较严重，建矿以来发生过多次严重的突水事故，较为典型的是 32051 工作面底板 2005 年及 2011 年期间先后发生的两次由底板断层构造导渗引起的突水事件，最大突水量分别达到 1 500 m^3/h 和 2 300 m^3/h，探查结果判断导渗通道为斜穿过 32051 工作面的 $F_{32\text{-}9}$ 断层（SEE～NWW 走向）。

32071 工作面位于 32051 工作面及浮山寨断层之间（图 6-4），其中浮山寨断层对 32071 工作面开采影响较大。该断层走向近东西，落差 50～360 m，倾角 70°，断层造成北盘太原组石灰岩与南盘寒武-奥陶系碳酸盐岩对接。巷道掘进过程中，在距东距联络巷约 60 m 处的下副巷一侧底板局部出现渗水，渗漏量在 50 m^3/h 上下，通过底板注浆改造，出水点被封堵，探查结果判断出水部位为 32051 工作面 $F_{32\text{-}9}$ 断层的延伸段。

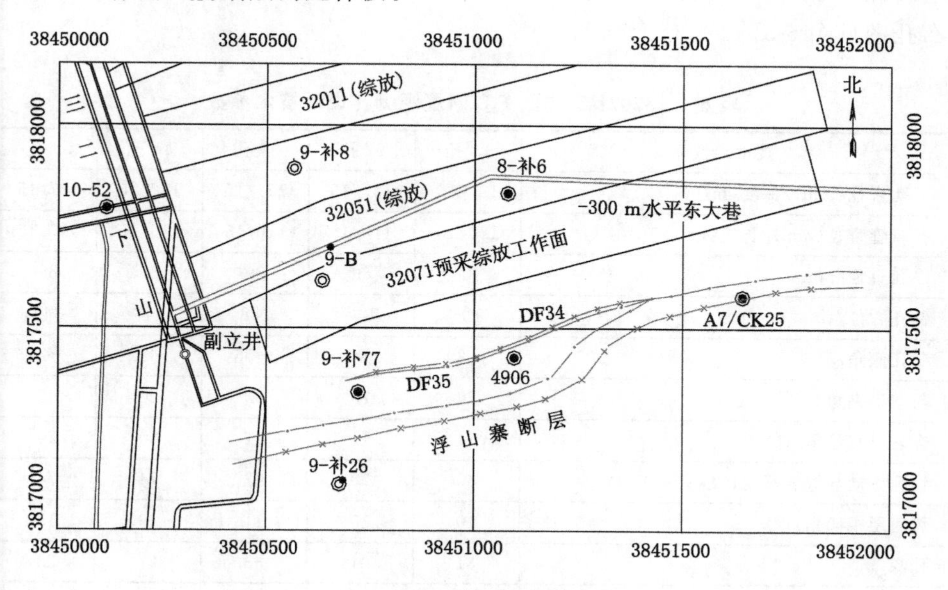

图 6-4　32071 工作面导水构造推断位置

为确保 32071 工作面安全回采，裴沟矿实施了对底板渗漏部位回采过程中采动水压力变化情况的实时监测，以预警可能的活化导渗危险。

6.2.2 测试方法及钻孔布置

（1）测试方法

分别在上副巷和下副巷向断层两盘及破碎带布置采动应力及孔隙水压力观测孔，设置应力传感器及水压力传感器，测试采动过程中该位置岩层的采动矿山压力及孔隙水压力显现情况，然后通过对比分析采动前后各测点传感器显现的情况以确定断层是否出现了采动活化导渗情况。

（2）钻孔布置

选择32071采煤工作面进行现场实测研究，该工作面采用综合机械化采煤技术。根据该工作面的地质附图资料，结合工作面的实际情况，该次断层活化观测选择在上巷的$F_{32\text{-}9}$断层附近，总共布置3个观测孔，断层带内及上下盘各一个。观测孔施工地点选取在32071上副巷四号钻场，从室西侧向东0.5 m依次为1#孔、2#孔及3#孔，其中1#孔布设于断层上盘，2#孔布设于断层下盘，3#孔布设于断层破碎带上；完整底板突水监测选取在下巷的五号钻场，在二号钻场两侧共布设2个钻孔（4#孔、5#孔）。观测孔设计技术参数见表6-4，具体的布孔图见图6-5。

表6-4 32071工作面$F_{32\text{-}9}$断层观测孔设计技术参数

技术参数	1#孔	2#孔	3#孔	4#孔	5#孔
开孔直径(mm)/深度(m)	127/15	127/15	127/15	127/15	127/15
孔口管直径(mm)/长度(m)	110/15	110/15	110/15	110/15	110/15
终孔直径/mm	89	89	89	89	89
钻孔方位/(°)	136	147	158	347	347
钻孔倾角/(°)	−39	−48	−55	−22	−27
与巷道夹角/(°)	60	70	82	90	90
煤岩层真倾角/(°)	11	11	11	20	20
钻孔方向与煤岩层走向线夹角/(°)	60	70	82	74	74
煤岩层视倾角/(°)	10	10	11	19	19
孔深/m	31	31	32	27	28
伸进工作面水平距离/m	18	19	17	20	20
控制底板最大真厚度/m	16	19	23	19	21

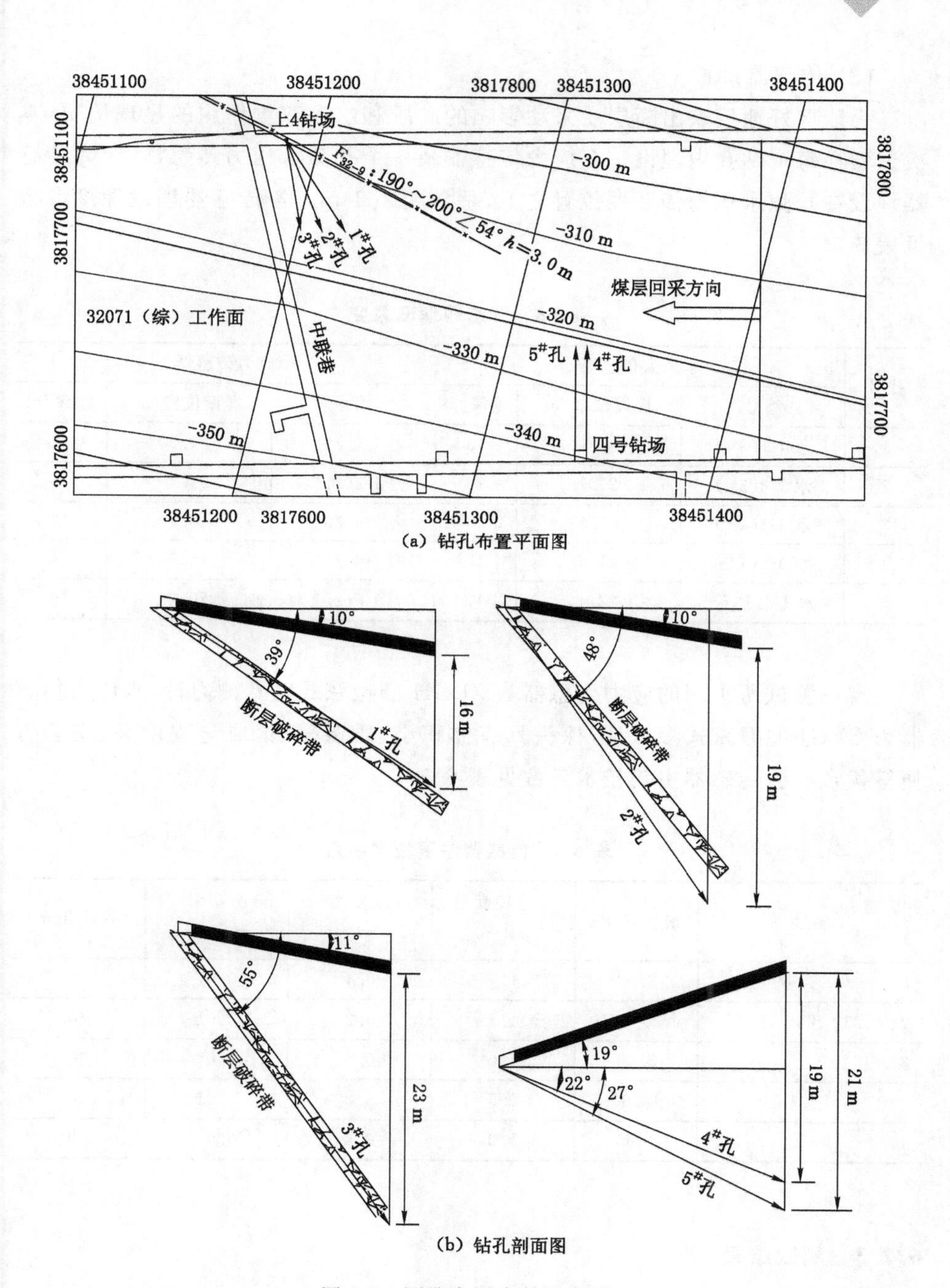

(a) 钻孔布置平面图

(b) 钻孔剖面图

图 6-5　测孔布设参数示意图

(3) 传感器设置

为能更好地反映出断层受采动影响的矿压和水压双重作用的显现情况，本次试验在每个钻孔内埋设一个应力传感器及一个孔隙水压力传感器，应力传感器埋设在孔隙水压力传感器位置之上，垂深相距 1 m。各传感器埋设深度参数见表 6-5。

表 6-5　传感器埋设深度

孔号	水压力传感器			应力传感器		
	编号	埋设位置/m	垂深/m	编号	埋设位置/m	垂深/m
1	水 1-1(8#)	26.1	13	力 1-1(24#)	24.5	12
2	水 1-2(3#)	25.7	16	力 1-2(21#)	24.4	15
3	水 1-3(4#)	27.0	19	力 1-3(23#)	25.7	18
4	水 1-4(1#)	21.6	15	力 1-4(27#)	18.9	14
5	水 1-5(13#)	22.4	17	力 1-5(25#)	20.2	16

现场测试所采用的应力传感器为 ZLGH 型振弦式钻孔测力计，水压力传感器为 SYGJ 型振弦式渗压计，探头具有体积小、质量轻、集成化程度高、安装方便等优点。各传感器主要技术参数见表 6-6。

表 6-6　传感器主要技术参数

编号	量程/MPa	准确度误差/%	重复性误差/%	分辨率误差/%	外径/mm
8#	2.00	1.0	0.4	0.01	40
21#、23#、24#、25#	20.00	0.5	0.2	0.01	40
3#、4#、1#	3.00	1.0	0.4	0.01	40
27#	40.00	0.5	0.2	0.01	40
13#	1.00	1.0	0.4	0.01	40

6.2.3　测试结果

(1) 采动应力观测

图 6-6(a)为上巷断层上盘钻孔内布设的 24# 传感器附加应力观测曲线，观

测段为超前测孔 193.48～8.03 m 范围,共 185.45 m。从图可以看出,整体上,传感器的附加应力随着工作面的推进逐渐增大,但在距测点 90.00 m 以外的范围内增幅较小,最大值约为 0.05 MPa,表明底板受到矿山压力的影响较为微弱;90.00～8.03 m 范围内增幅较大,最大值约为 0.86 MPa,表明底板受到矿山压力的影响较为剧烈。

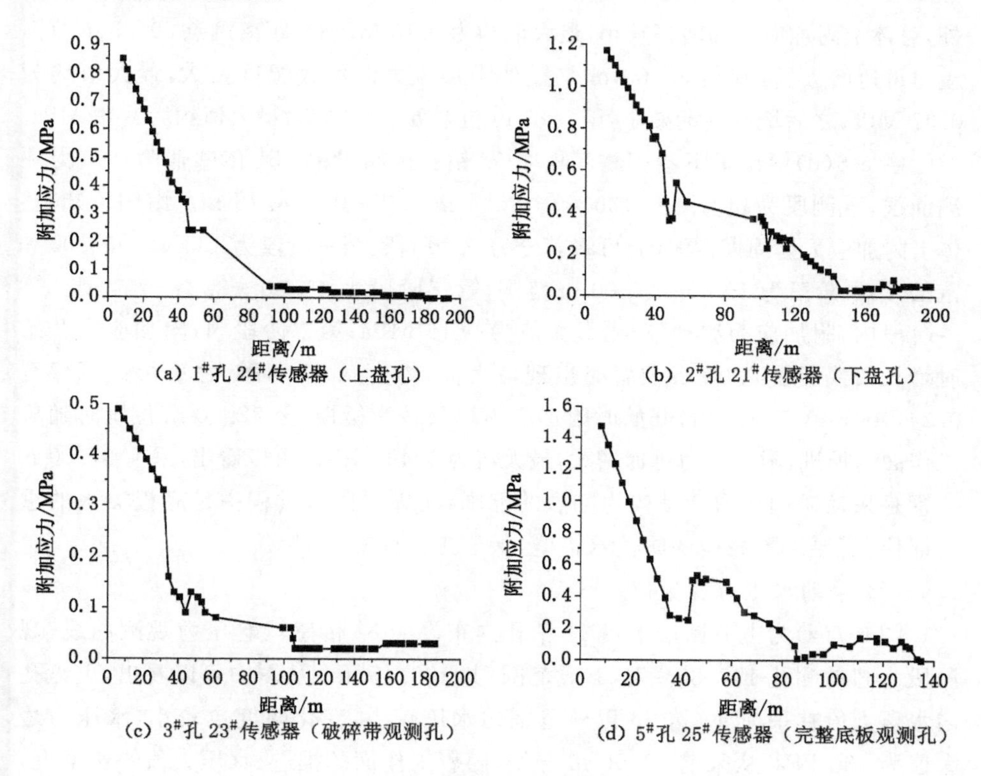

图 6-6 采动底板附加应力观测曲线

图 6-6(b)为上巷断层下盘钻孔内布设的 21# 传感器附加应力观测曲线,观测段为超前测孔 197.42～11.97 m 范围,共 185.45 m。从图可以看出,在距离测点 145.00 m 以外范围,传感器的附加应力较为稳定,数值较小,约为 0.05 MPa;145.00～11.97 m 范围内呈逐渐上升的趋势,其中在距离测点 145.00～98.00 m 范围内增幅较大,附加应力最大值约为 0.40 MPa,在距离测点 98.00～52.00 m 范围内增幅较小,附加应力最大值为 0.55 MPa,之后出现短暂的压力降后又开始迅速增大,附加应力最大值约为 1.18 MPa。

图 6-6(c)给出了上巷断层破碎带中钻孔内布设的 23# 传感器附加应力观测曲线，该传感器的观测段为超前测孔 185.59～5.85 m 范围，共 179.74 m。由图可知，在距离测点 105.00 m 以外范围，传感器的附加应力较为稳定，数值较小，约为 0.03 MPa；105.00～5.85 m 范围内呈逐渐上升的趋势，在距离测点 105.00～50.00 m 范围内，除 105.00 m 位置及 50.00 m 位置出现短暂的应力升高外，总体上附加应力的增幅较小，最大值约为 0.15 MPa；在距离测点 50.00 m 范围应力迅速增大，特别是 32.00 m 位置处附加应力的增大幅度最大，最大值约为 0.32 MPa，之后增幅逐渐减小，至 5.85 m 位置处，附加应力最大值约为0.49 MPa。

图 6-6(d)给出了下巷完整底板中 5# 钻孔内布设的 25# 传感器附加应力观测曲线，观测段为超前测孔 135.00～8.24 m 范围，共 126.76 m。由图可知，整体上附加应力呈周期性波动，可将其分为三个阶段：第一阶段为 135.00～85.00 m 范围，第二阶段为 85.00～45.00 m 范围，第三阶段为 45.00～8.24 m 范围。第一阶段内，附加应力波动较小，最大值为 0.16 MPa；第二阶段内，附加应力开始时增长较快，至 48.00 m 位置时出现最大值，约为 0.52 MPa，之后快速下降至 0.24 MPa；第三阶段内，开始时附加应力增长较为缓慢，至 32.00 m 位置时随着工作面的推进，附加应力迅速增大，最大值为 1.49 MPa。可以看出，采前 32.00 m 位置是采动矿山压力活动较为剧烈的范围，在煤层回采过程中是底板突水的重要部位，需要采取相应的防治水措施，保证工作面安全回采。

(2) 采动水压力观测

图 6-7(a)为上巷断层上盘 1# 钻孔内布设的 8# 传感器水压力观测曲线，观测段为超前测孔 192.86～7.41 m 范围，共 185.45 m。从图中可以看出，上盘孔内水压力值在采前 90.00 m 以外范围内水压较小，变化幅度也较小，水压力最大值为 130 kPa；从采前 90.00 m 开始，随着工作面的推进，水压力值快速增大，至 45.00 m 位置时，水压力开始出现相对较大的波动，分析认为可能是受到矿山压力周期来压的影响，至采前 7.41 m 时，水压力值为 160 kPa。

图 6-7(b)为上巷断层下盘 2# 钻孔内布设的 3# 传感器水压力观测曲线，观测段为超前测孔 197.12～11.67 m 范围，共 185.45 m。由图可知，下盘孔内水压力值在采前 90.00 m 以外范围水压相对较小，但是波动较大，最大水压力值为 172 kPa，分析认为是由于采前注浆加固底板时，受到注浆压力的影响；从采前 90.00 m 开始，随着工作面的推进，水压力值快速增大，至 45.00 m 位置时，出现一个较小的波动，分析认为可能是受到矿山压力周期来压的影响，之后迅速增大，至采前 7.41 m 时，水压力值为 178 kPa。

图 6-7(c)为上巷断层破碎带观测钻孔 3# 孔内布设的 4# 传感器水压力观测曲线，观测段为超前测孔 200.84～5.74 m 范围，共 195.10 m。由图可知，断层破碎带内水压力值在采前 97.00 m 以外变化范围较大，于采前 192.00 m 时，水压力达到最大值 194.00 kPa，从采前 97.00 m 位置开始，随着工作面的推进，水压力值增加较缓慢，至采前 45.00 m 位置时，水压力值出现了一个较小的波动，至采前 5.74 m 时水压力值为 184.00 kPa。分析认为采前 97.00 m 以外范围水压力值波动较大，是因为破碎带本身渗透性较断层两盘岩体渗透性好，采前注浆对其影响相对较大。

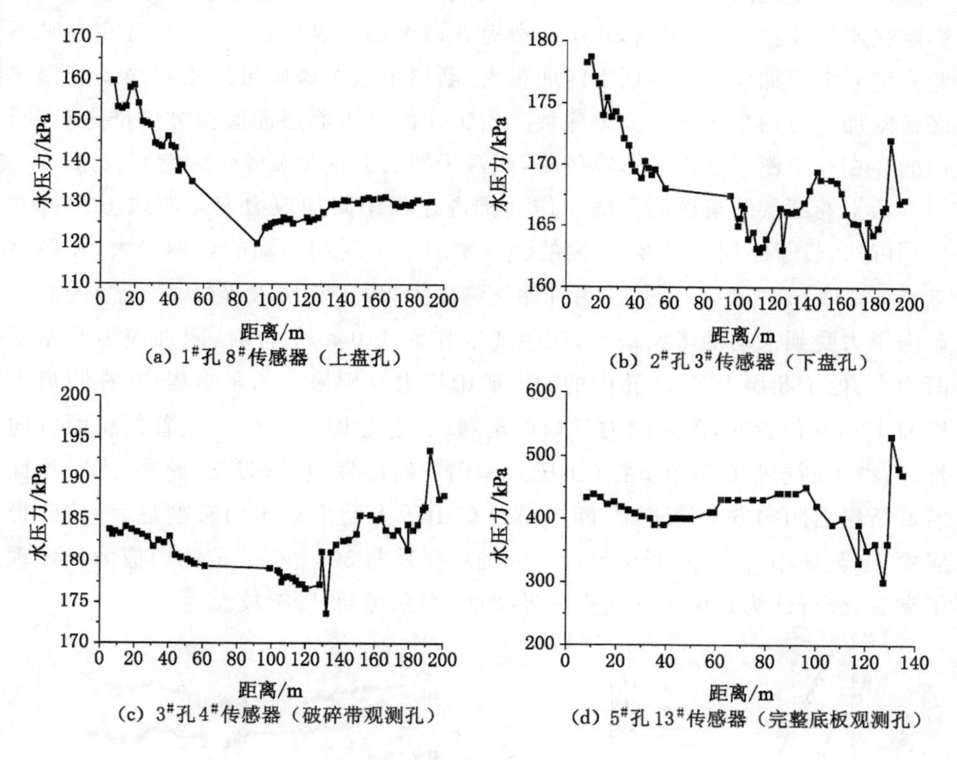

图 6-7 采动条件下水压力观测曲线

图 6-7(d)为下巷完整底板中 5# 钻孔内布设的 13# 传感器水压力观测曲线，观测段为超前测孔 135.00～8.24 m 范围，共 126.76 m。由图可知，整体上水压力波动相对较小，但在采前 130.00 m 位置处出现了一个较大的水压力突变值，高达 525.00 kPa，之后水压力值迅速减小，分析认为是因为当工作面推进至距离测点 130.00 m 位置时，在测点沿工作面往外约 20.00 m 位置处受注浆影响；

之后随着工作面的推进，水压变化相对较小，至采前 8.24 m 时，水压力值为 425.00 kPa，表明工作面底板注浆加固效果较为明显。此外，下巷完整底板现场实测水压力较上巷断层附近的大，表明下巷完整底板较为破碎，在底板注浆加固过程中应高度重视。

6.2.4 采动影响过程分析

对比分析上巷断层附近监测点及下巷完整底板监测点随工作面推进过程中附加应力变化曲线(图 6-8)可知，下巷完整底板附加应力受采动矿山压力的影响呈周期性波动，在采前 30 m 以外范围较断层下盘底板小，但临近测点时下巷完整底板附加应力较断层下盘底板大，断层上盘及破碎带底板在采动过程中底板附加应力均小于下巷完整底板。当工作面沿着断层面倾向方向推进时，断层的存在对于断层下盘的影响较小，而对于断层上盘及破碎带影响则较大。

从上巷断层附近监测点随工作面推进过程中附加应力变化曲线[见图 6-8(a)]可知，位于断层下盘 2# 孔内的测点矿山压力受到采动的影响最大，在距离工作面 150 m 位置时，附加应力开始逐渐增大；位于断层破碎带 3# 孔内的测点矿山压力受到采动的影响最小，在距离工作面 110 m 位置时，附加应力开始逐渐增大；位于断层上盘 1# 孔内的测点矿山压力受到采动的影响居中，在距离工作面 100 m 位置时，附加应力开始逐渐增大，这是因为工作面顺着断层面方向推进，由于断层带的存在，在矿山压力作用下断层发生了卸压。此外，当工作面沿着断层面倾向方向推进时，断层下盘矿山压力受采动作用影响最大，破碎带居中，上盘最小。此外，断层附近孔内测点在采前 30～60 m 范围内应力均出现了突变，分析认为是由于断层受外界扰动(回采扰动)影响较大。

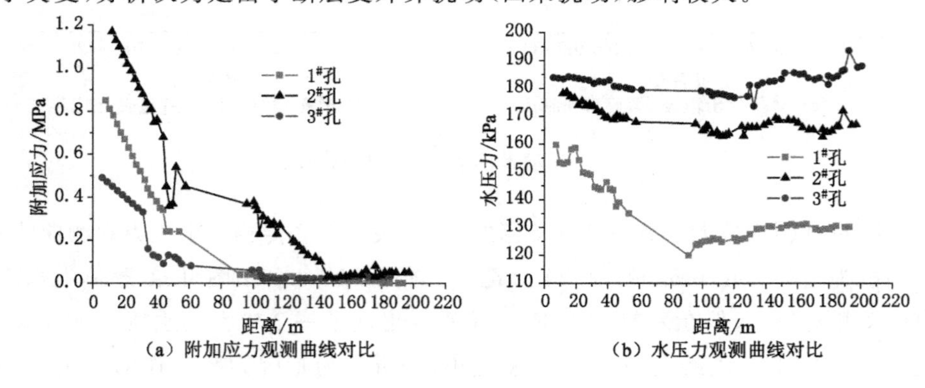

图 6-8 断层不同位置处附加应力及水压力观测曲线对比

图6-8(b)所示为32071工作面上巷断层上盘、破碎带和下盘附近3个监测点在工作面推进过程中水压力变化的对比曲线。可以看出,位于断层破碎带3[#]孔内的测点受到下伏承压水的作用最大,位于断层上盘1[#]孔内的测点受到下伏承压水的作用最小,断层下盘2[#]孔内的测点受到下伏承压水的作用居中,整体上除断层上盘1[#]孔内的测点水压力波动较大外,其他两个测点的水压力波动均较小。对比分析认为,3个钻孔的水压力随着工作面的推进虽有一定程度的波动,但总体波动较小,特别是断层破碎带3[#]孔内测点的水压力直至工作面快要推到测点位置都波动较小,由此可以确定该断层在工作面回采过程中没有出现活化迹象,进一步表明工作面底板注浆加固已起到较好效果,保证了工作面回采安全。

6.2.5 断层带阻渗条件

32071工作面二$_1$煤与奥灰含水层间隔厚度在55～78 m范围,如图6-9所示,其中正常部位有效隔水层厚度一般在40～60 m范围,构造部位较薄,二$_1$煤底板下部的太原组灰岩为区域性含水层,与奥灰间隔有厚度不均的铝质泥岩,局部二者有水力联系,浮山寨断层附近奥灰含水层的水头压力在3.6～4.4 MPa范围。

根据钻孔资料,结合探查孔及注浆孔的实际揭露情况推断,$F_{32\text{-}9}$断层出水部位下盘$L_{1\text{-}3}$灰与上盘二$_1$煤在断层带的对接段距约为55 m。采前断层带局部渗漏出水反映该断层原始状态呈弱导渗性,如以断层带中埋深最大的4[#]探头考虑(4[#]水压力探头埋深19 m),断层破碎带阻渗强度约为0.09～0.11 MPa/m(即3.60 MPa/40 m～4.40 MPa/40 m);回采过程底板原渗漏出水部位未出现采动活化导渗,说明注浆改造对原始状态的渗漏通道产生了较好的充填封堵效果,由此也间接反映出断层带的导渗性相对较弱,渗流阻力较大。同时也表明了断层带阻渗评价方法中所建议的临界阻渗强度值具有一定的合理性。

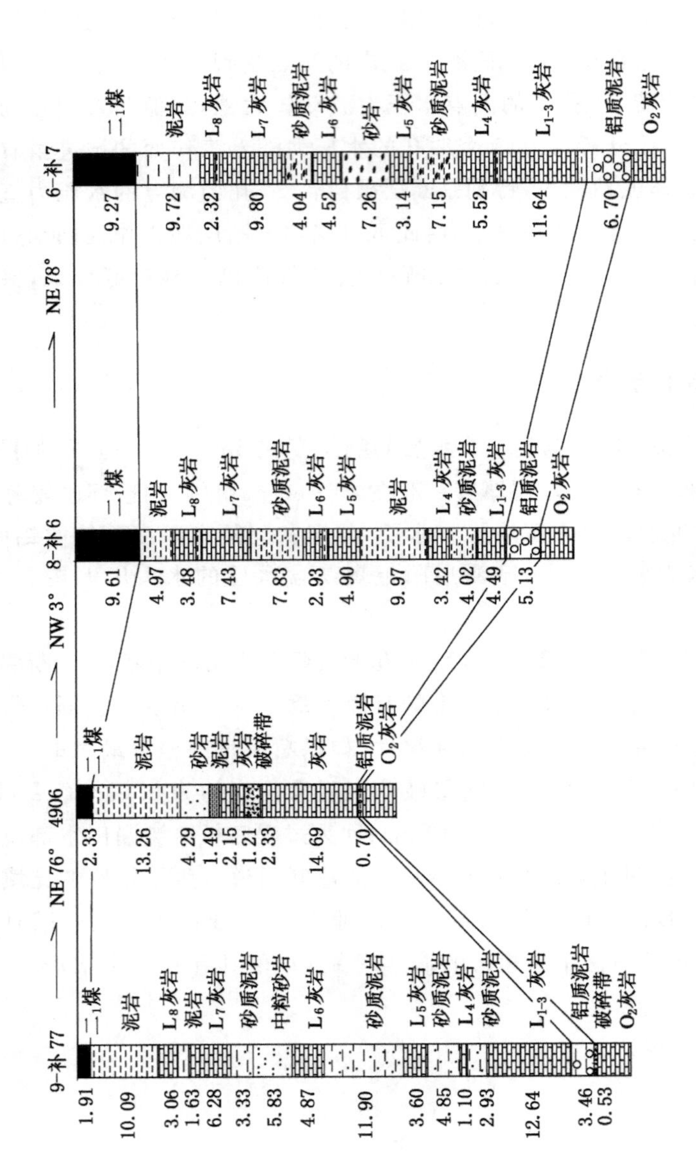

图6-9 裴沟煤矿32071工作面$二_1$煤底板走向剖面示意图（图上单位为m）

6.3 本章小结

通过对不同矿区、不同地质条件下的断层带在采动过程中受外界采掘扰动的影响程度及阻渗性进行实测，得出以下结论：

(1) 断层带测点所处位置在回采过程中受外界扰动(采动矿山压力)影响后产生了明显的放大效应，导致断层带在采前及采后附加应力值相差较大。

(2) 工作面沿着断层面倾向方向推进时，受采动矿山压力作用影响断层下盘最大，破碎带居中，上盘最小。

(3) 断层带水压力在回采过程中具有一定程度的波动，但总体波动较小，而矿压则呈现出逐渐增大的趋势，由此可确定出实测断层在工作面回采过程中没有出现“活化”。

(4) 根据两个工作面断层阻渗性的实测结果，确定出4603工作面 F_6 断层带的阻渗强度为0.07～0.10 MPa/m，32071工作面 $F_{32\text{-}9}$ 断层带阻渗强度约为0.09～0.11 MPa/m，均不小于断层带阻渗评价模型中的平均阻渗强度建议值0.07 MPa/m，因此可认为文中提出的断层带阻渗评价方法具有一定的应用价值。

参考文献

[1] 王作宇,刘鸿泉.承压水上采煤[M].北京:煤炭工业出版社,1993.

[2] 武强,金玉洁.华北型煤田矿井防治水决策系统[M].北京:煤炭工业出版社,1995:198-214.

[3] 乔伟.矿井深部裂隙岩溶富水规律及底板突水危险性评价研究[D].徐州:中国矿业大学,2011.

[4] 施龙青,韩进.底板突水机理及预测预报[M].徐州:中国矿业大学出版社,2004.

[5] 中国统配煤矿总公司生产局,煤炭科技情报研究所.煤矿水害事故典型案例汇编[M].北京:煤炭工业出版社,1992.

[6] 庞荫恒,王良.井陉矿区煤层底板突水综合分析[J].煤田地质与勘探,1982,10(6):37-45.

[7] 梁化儒,王培彝.肥城矿区奥陶系石灰岩岩溶水害的防治技术:岩石力学矿山压力和岩层控制国际学术讨论会论文集[C].[S.l.:s.n.],1991.

[8] 赵全福.煤矿安全手册(第五篇):矿井防治水[M].北京:煤炭工业出版社,1992.

[9] 谷德振.岩体工程地质力学基础[M].北京:科学出版社,1979.

[10] 孙玉科,李建国.岩质边坡稳定性的工程地质研究[J].地质科学,1965(4):330-352.

[11] 孙广忠.岩体结构力学[M].北京:科学出版社,1988.

[12] 陈昌彦.工程岩体断裂结构系统复杂性研究及在边坡工程中的应用:以三峡工程永久船闸边坡为例[D].北京:中国科学院地质研究所,1997.

[13] KULATILAKE P H S W,FIEDLER R,PANDA B B. Box fractal dimension as a measure of statistical homogeneity of jointed rock masses[J].

Engineering geology,1997,48(3/4):217-229.

[14] 王金安,谢和平.剪切过程中岩石节理粗糙度分形演化及力学特征[J].岩土工程学报,1997,19(4):2-9.

[15] 谭学术,鲜学福,郑道访,等.复合岩体力学理论及其应用[M].北京:煤炭工业出版社,1994.

[16] 何满潮,薛廷河,彭延飞.工程岩体力学参数确定方法的研究[J].岩石力学与工程学报,2001,20(2):225-229.

[17] 徐志斌,王继尧.断裂构造的分形结构//晁吉祥.断裂构造分形模型和反转构造研究新发展[M].徐州:中国矿业大学出版社,1994.

[18] 孙岩,韩克从.断裂构造岩带的划分[M].北京:科学出版社,1985.

[19] 孟召平,彭苏萍,黎洪.正断层附近煤的物理力学性质变化及其对矿压分布的影响[J].煤炭学报,2001,26(6):561-566.

[20] 黄桂芝,秦宪礼,高宇.断层附近反牵引现象的研究[J].黑龙江科技学院学报,2001,11(3):43-45.

[21] 武强,刘金韬,钟亚平,等.开滦赵各庄矿断裂滞后突水数值仿真模拟[J].煤炭学报,2002,27(5):511-516.

[22] 武强,周英杰,刘金韬,等.煤层底板断层滞后型突水时效机理的力学试验研究[J].煤炭学报,2003,28(6):561-565.

[23] 吴基文,刘小红.断层带岩体阻水能力原位测试研究与评价[J].岩土力学,2003,24(增刊):447-450.

[24] 史兴国.断层泥阻隔承压水的力学分析[J].河北煤炭,1992(4):216-219.

[25] MOTYKA J,BOSCH A P. Karstic phenomena in calcareous-dolomitic rocks and their influence over the inrushes of water in lead-zinc mines in Olkusz region(South of Poland)[J]. International journal of mine water,1985(4):1-11.

[26] SAMMARCO O,ENG D. Spontaneous inrushes of water in underground mines[J]. International journal of mine water,1986,5(2):29-42.

[27] SAMMARCO O. Inrush prevention in an underground mine[J]. International journal of mine water,1988,7(4):43-52.

[28] KUSCER D. Hydrological regime of the water inrush into the Kotredez Coal Mine(Slovenia,Yugoslavia)[J]. Mine water and the environment,1991,10(1):93-101.

[29] MIRONENKO V,STRELSKY F. Hydrogeomechanical problems in mining[J]. Mine water and the environment,1993,12(1):35-40.

[30] SCHRECK P. environmental impact of uncontrolled waste disposal in mining and industrial areas in central Germany[J]. Environmental geology,1998,35(1):66-72.

[31] WOLKERSDORFER C,BOWELL R. Contemporary reviews of mine water studies in Europe,Part 1[J]. Mine water and the environment,2004,23(4):162-182.

[32] WOLKERSDORFER C,BOWELL R. Contemporary reviews of mine water studies in Europe,Part 3[J]. Mine water and the environment,2005,24(2):58-76.

[33] WOLKERSDORFER C,SAXONY F. Mine water notes[J]. Mine water and the environment,2004,23:54-55.

[34] YOUNGER P L,WOLKERSDORFER C. Mining impacts on the fresh water environment technical and managerial guidelines for catchment scale management[J]. Mine water and the environment,2004,23(1):S2-S80.

[35] WOLKERSDORFER C,BOWELL R. Contemporary reviews of mine water studies in Europe[J]. Mine water and the environment,2004,23:161.

[36] ISAM M R,SHINJO R. Mining-induced fault reactivation associated with the main conveyor belt roadway and safety of Barapukuria Coal Mine in Bangladesh:constraints from BEM simulations[J]. International journal of coal geology,2009,79(4):115-130.

[37] BAILEY W R,WALSH J J,MANZOCCHI T. Fault populations,strain distribution and basement fault reactivation in the East Pennines Coalfield,UK[J]. Journal of structural geology,2005,27(5):913-928.

[38] BELL F G,JERMY C A. An investigation of primary permeability in strata from a mine in the Eastern Transvaal Coalfield[J]. Quarterly journal of engineering geology and hydrogeology,2002,35:391-402.

[39] BÜRGI C,PARRIAUX A,FRANCIOSI G. Geological characterization of weak cataclastic fault rocks with regards to the assessment of their geomechanical properties[J]. Quarterly journal of engineering geology and

hydrogeology,2001,34(2):225-232.

[40] 赵铁锤.华北地区奥灰水综合防治技术[M].北京:煤炭工业出版社,2006.

[41] 高延法,施龙青,娄华君,等.底板突水规律与突水优势面[M].徐州:中国矿业大学出版社,1999.

[42] ZHANG R,JIANG Z Q,SUN Q,et al. The relationship between the deformation mechanism and permeability on brittle rock [J]. Natural Hazards,2013,66:1179-1187.

[43] 黎良杰,钱鸣高,李树刚.断层突水机理分析[J].煤炭学报,1996,21(2):119-123.

[44] 黎良杰.采场底板突水机理的研究[D].徐州:中国矿业大学,1995.

[45] 谭志祥.断层突水的力学机制浅析[J].江苏煤炭,1998(3):16-18.

[46] 营志杰.煤层渗透性变化规律在防水煤柱上的应用[J].江苏煤炭,1998,23(1):31-32.

[47] 施龙青,曲有刚,徐望国.采场底板断层突水判别方法[J].矿山压力与顶板管理,2000,17(2):49-51.

[48] 张文泉.矿井(底板)突水灾害的动态机理及综合判测和预报软件开发研究[D].泰安:山东科技大学,2004.

[49] 李青锋,王卫军,朱川曲,等.基于隔水关键层原理的断层突水机理分析[J].采矿与安全工程学报,2009,26(1):87-90.

[50] 卜万奎.采场底板断层活化及突水力学机理研究[D].徐州:中国矿业大学,2009.

[51] 高德福.深矿井底板岩层采动变形与阻水能力分析[J].煤田地质与勘探,1990,18(4):42-47.

[52] 杨善安.采场底板断层突水及其防治方法[J].煤炭学报,1994,19(6):621-625.

[53] 高延法,于永辛,牛学良.水压在底板突水中的力学作用[J].煤田地质与勘探,1996,24(6):37-39.

[54] 卜昌森.矿压作用下地质构造对底板突水的影响[J].山东煤炭科技,1996(1):47-50.

[55] 刘燕学.峰峰煤田煤层底板强度及断裂构造控水作用[J].河北煤炭,1998(3):19-20.

[56] 杨新安,程军,杨喜增.峰峰矿区矿井突水分类及发生机理研究[J].地质灾

害与环境保护,1999,10(2):24-29.

[57] 倪宏革,罗国煜.地下开采中优势面控水控稳机制分析[J].工程地质学报,2000,8(3):316-319.

[58] 周瑞光,成彬芳,叶贵钧,等.断层破碎带突水的时效特性研究[J].工程地质学报,2000,8(4):411-415.

[59] 杜文堂.断层防水煤柱可靠度分析[J].煤田地质与勘探,2001,29(1):34-36.

[60] 韩爱民,白玉华,孙家齐.断层透水性工程地质评价[J].南京建筑工程学院学报(自然科学版),2002,60(1):21-25.

[61] 李晓昭,罗国煜.地下工程突水的富水优势断裂[J].中国地质灾害与防治学报,2003,14(1):36-41.

[62] 李晓昭,罗国煜,陈忠胜.地下工程突水的断裂变形活化导水机制[J].岩土工程学报,2002,24(6):695-700.

[63] 李晓昭,张国永,罗国煜.地下工程中由控稳到控水的断裂屏障机制[J].岩土力学,2003,24(2):220-224.

[64] 于广明,谢和平,杨伦,等.采动断层活化分形界面效应的数值模拟研究[J].煤炭学报,1998,23(4):396-400.

[65] 邱秀梅,王连国.断层采动型突水自组织临界特性研究[J].山东科技大学学报(自然科学版),2002,21(1):59-61.

[66] 王连国,宋扬.底板突水的非线性特征及预测[M].北京:煤炭工业出版社,2001.

[67] 白峰青,姜兴阁,蒋勤明.断层防水煤柱设计的可靠度方法[J].辽宁工程技术大学学报(自然科学版),2000,19(4):356-359.

[68] 潘岳,解金玉,顾善发.非均匀围压下矿井断层冲击地压的突变理论分析[J].岩石力学与工程学报,2001,20(3):310-314.

[69] 杨映涛,李抗抗.用物理相似模拟技术研究煤层底板突水机理[J].煤田地质与勘探,1997,25(增刊):33-36.

[70] 周钢,李世平,张晓龙,等.微山湖下断层煤柱留设与开采技术的模拟试验[J].煤炭科学技术,1997,25(5):13-15.

[71] 彭苏萍,孟召平,李玉林.断层对顶板稳定性影响相似模拟试验研究[J].煤田地质与勘探,2001,29(3):1-4.

[72] 左建平,陈忠辉,王怀文,等.深部煤矿采动诱发断层活动规律[J].煤炭学

报，2009，34(3)：305-309.

[73] 刘启蒙.高承压水上采煤断层突水渗流转换机理研究[D].徐州：中国矿业大学，2007.

[74] 徐德金.高承压含水层上煤层开采底板断裂活化致灾机制[D].徐州：中国矿业大学，2012.

[75] 李连崇，唐春安，梁正召，等.含断层煤层底板突水通道形成过程的仿真分析[J].岩石力学与工程学报，2009，28(2)：290-297.

[76] 卢兴利，刘泉声，吴昌勇，等.断层破裂带附近采场采动效应的流固耦合分析[J].岩土力学，2009，30(增刊1)：165-168.

[77] 武强，朱斌，刘守强.矿井断裂构造滞后突水的流-固耦合模拟方法分析与滞后时间确定[J].岩石力学与工程学报，2011，30(1)：93-104.

[78] 黄存捍.采动断层突水机理研究[D].长沙：中南大学，2010.

[79] BARENBLATT G I，ZHELTOV I P，KOCHINA I N. Basic concepts in the theory of seepage of homogeneous liquids in fissured rocks[strata][J]. Journal of applied mathematics and mechanics，1960，24(5)：1286-1303.

[80] SNOW D T. A parallel plate model of fractured permeable media[D]. Berkeley：University of California，1965.

[81] ROMM E S. Flow characteristics of fractured rocks[M]. Moscow：Nedra，1966.

[82] LOUIS C，MAINI Y NT. Determination of in situ hydraulic parameters in jointed rock[J]. Rroc. 2nd Congr. ISRM，1970(1)：235-245.

[83] LOUIS C. Introduction a la hydraulique des roches[J]. Orleans，bureau recherches geologique miniers，1974(4)：283-356.

[84] JONES F O. A laboratory study of the effects of confining pressure on fracture flow and storage capacity in carbonate rocks[J]. Journal of petroleum technology，1975，27(1)：21-27.

[85] IWAI K. Fundamental studies of fluid flow through a single fracture[D]. Berkeley：University of California，1976.

[86] ODA M. An equivalent continuum model for coupled stress and fluid flow analysis in jointed rock masses[J]. Water resources research，1986，22(13)：1845-1856.

[87] HABIB P. The malpasset dam failure[J]. Engineering geology,1987,24(1-4):331-338.

[88] KELSALL P C,CASE J B,CHABNNES C R. Evaluation of excavation-induced changes in rock permeability[J]. International journal of rock mechanics and mining sciences & geomechanics abstracts,1984,21(3):123-135.

[89] LARSON K J,BAŞAĞAOĞLU H,MARIÑO M A. Prediction of optimal safe ground water yield and land subsidence in the Los Banos-Kettleman City area,California,using a calibrated numerical simulation model[J]. Journal of hydrology,2001,242(1-2):79-102.

[90] SHEOREY P R,LOUI J P,SINGH K B,et al. Ground subsidence observations and a modified influence function method for complete subsidence prediction[J]. International journal of rock mechanics and mining sciences,2000,37(5):801-818.

[91] BITTELLT M. Conceptual models of flow and transport in the fractured vadose zone[M]. Washington,D. C. :National Academy Press,2001.

[92] SHEIK A K,PARISEAU W G. Role of water in the stability of a shallow underground mine[J]. Engineering,2001,37(5):80-88.

[93] GEIR J. Discrete fracture modeling of in-situ hydrologic and tracer experiments:Proceeding International Conference on Fracrured and Jointed Rock Masses[C]. Lake Tahoe:[s. n.],1992.

[94] 仵彦卿.岩体结构类型与水力学模型[J].岩石力学与工程学报,2000,19(6):687-691.

[95] 仵彦卿,柴军瑞.作用在岩体裂隙网络中的渗透力分析[J].工程地质学报,2001,9(1):24-28.

[96] 刘继山.单裂隙受正应力作用时的渗流公式[J].水文地质工程地质,1987,14(2):32-33.

[97] 刘继山.结构面力学参数与水力参数耦合关系及其应用[J].水文地质工程地质,1998,8(2):7-12.

[98] 郑少河,朱维申.裂隙岩体渗流损伤耦合模型的理论分析[J].岩石力学与工程学报,2001,20(2):156-159.

[99] 潘国营,武强,仝长水.裂隙水运动理论与渗流模拟实践[M].北京:中国地

质大学出版社,2001.

[100] 缪协兴,刘卫群,陈占清. 采动岩体渗流理论[M]. 北京:科学出版社,2004.

[101] 周创兵,陈益峰,姜清辉,等. 论岩体多场广义耦合及其工程应用[J]. 岩石力学与工程学报,2008,27(7):1329-1340.

[102] NOORISHAD J, AYATOJJAHI M S, WITHERSPOON P A. A finite element method for stress and fluid flow analysis in fractured rock masses[J]. International journal of rock mechanics and mining sciences & gemomechanics abstracts,1982,19(4):185-193.

[103] BARTON N, BANDIS S, BAKHTAR K. Strength, deformation and conductivity coupling of rock joints[J]. International journal of rock mechanics and mining sciences & gemomechanics abstracts, 1985, 22(3): 121-140.

[104] JING L, TSANG C F, STEPHANSSON O. DECOVALEX: an international co-operative research project on mathematical models of coupled THM processes for safety analysis of radioactive waste repositories[J]. International journal of rock mechanics and mining sciences & gemomechanics abstracts,1995,32(5):389-398.

[105] 申晋,赵阳升,段康廉. 低渗透煤岩体水力压裂的数值模拟[J]. 煤炭学报,1997,22(6):580-584.

[106] 刘汉湖,裴宗平,郑世书,等. 带压开采时隔水层的隔水能力研究[J]. 中国煤田地质,1998,10(2):40-43.

[107] 杨栋,赵阳升. 裂隙状采场底板固流耦合作用的数值模拟[J]. 煤炭学报,1998,23(1):37-41.

[108] 郑少河,朱维申,王书法. 承压水上采煤的固流耦合问题研究[J]. 岩石力学与工程学报,2000,19(4):421-424.

[109] 杨天鸿. 岩石破裂过程渗透性质及其与应力耦合作用研究[D]. 沈阳:东北大学,2001.

[110] 李云鹏,张静. 用似双重介质模型进行岩体应力与渗流耦合分析[J]. 西安科技学院学报,2002,22(4):407-410.

[111] 黄涛. 裂隙岩体渗流-应力-温度耦合作用研究[J]. 岩石力学与工程学报,2002,21(1):77-82.

[112] 刘志军,胡耀青.承压水上采煤断层突水的固流耦合研究[J].煤炭学报,2007,32(10):1046-1050.

[113] 李文平,刘启蒙,孙如华.构造破碎带滞后突水渗流转换理论与试验研究[J].煤炭科学技术,2011,39(11):11-13.

[114] 胡戈.综放开采断层活化导水机理研究[D].徐州:中国矿业大学,2008.

[115] 乔伟,胡戈,李文平.综放开采断层活化突水渗-流转换试验研究[J].采矿与安全工程学报,2013,30(1):30-37.

[116] 隋旺华,蔡光桃,董青红.近松散层采煤覆岩采动裂缝水砂突涌临界水力坡度试验[J].岩石力学与工程学报,2007,26(10):2084-2091.

[117] 隋旺华,董青红.近松散层开采孔隙水压力变化及其对水砂突涌的前兆意义[J].岩石力学与工程学报,2008,27(9):1908-1916.

[118] 董青红.近松散层下开采水砂突涌机制及判别研究[D].徐州:中国矿业大学,2006.

[119] 杨伟峰.薄基岩采动破断及其诱发水砂混合流运移特性研究[D].徐州:中国矿业大学,2009.

[120] 杨伟峰,隋旺华,吉育兵,等.薄基岩采动裂缝水砂流运移过程的模拟试验[J].煤炭学报,2012,37(1):141-146.

[121] 杨伟峰,吉育兵,赵国荣,等.厚松散层薄基岩采动诱发水砂流运移特征试验[J].岩土工程学报,2012,34(4):686-692.

[122] 秦四清,王媛媛,马平.崩滑灾害临界位移演化的指数律[J].岩石力学与工程学报,2010,29(5):873-880.

[123] 秦四清,徐锡伟,胡平,等.孕震断层的多锁固段脆性破裂机制与地震预测新方法的探索[J].地球物理学报,2010,53(4):1001-1014.

[124] 姜振泉,季梁军.岩石全应力-应变过程渗透性试验研究[J].岩土工程学报,2001,23 (2):153-156.

[125] HUDSON J A,FAIRHURST C. Tensile strength,Weibull's theory and a general statistical approach to rock failure: The proceedings of the Southampton 1969 Civil Engineering Materials Conference[C]. [s. l.: s. n.],1969:901-914.

[126] SMALLEY R F,TURCOTTE D L,SOLLA A SARA. A renormalization group approach to the stick slip behavior of faults [J]. Journal of geophysical research atmospheres,1985,90(B2):1894-1900.

[127] 王小江,荣冠,周创兵.粗砂岩变形破坏过程中渗透性试验研究[J].岩石力学与工程学报,2012,31(增刊1):2940-2947.

[128] 刘洪磊,杨天鸿,于庆磊,等.凝灰岩破坏全过程渗流演化规律的实验研究[J].东北大学学报(自然科学版),2009,30(7):1030-1033.

[129] BIENIAWSKI Z T. Time-dependent behaviour of fractured rock[J]. Rock mechanics,1970(2):123-137.

[130] 曹文贵,赵明华,刘成学.基于Weibull分布的岩石损伤软化模型及其修正方法研究[J].岩石力学与工程学报,2004,23(19):3226-3231.

[131] 周维垣,吴澎,杨若琼.节理岩体的损伤模型[C]//中国岩石力学与工程学会教育工作委员会.岩石力学新进展.沈阳:东北工学院出版社,1989.

[132] 朱珍德,张爱军,徐卫亚.脆性岩石全应力-应变过程渗流特性试验研究[J].岩土力学,2002,23(5):555-558,563.

[133] 彭苏萍,孟召平,王虎,等.不同围压下砂岩孔渗规律试验研究[J].岩石力学与工程学报,2003,22(5):742-746.

[134] 王环玲,徐卫亚,杨圣奇.岩石变形破坏过程中渗透率演化规律的试验研究[J].岩土力学,2006,27(10):1703-1708.

[135] 李长洪,张立新,姚作强,等.两种岩石的不同类型渗透特性实验及其机理分析[J].北京科技大学学报,2010,32(2):158-163.

[136] WANG J A,PARK H D. Fluid permeability of sedimentary rocks in a complete stress-strain process[J]. Engineering geology,2002,63(3/4):291-300.

[137] 李利平.高风险岩溶隧道突水灾变演化机理及其应用研究[D].济南:山东大学,2009.

[138] 田干.煤层底板隔水层阻抗高压水侵入机理研究[D].西安:煤炭科学研究总院西安分院,2005.

[139] 张金才,张玉卓,刘天泉.岩体渗流与煤层底板突水[M].北京:地质出版社,1997.

[140] 李白英.预防矿井底板突水的“下三带”理论及其发展与应用[J].山东矿业学院学报(自然科学版),1999,18(4):4-7.

[141] 王梦玉.煤层底板突水机理及预测方法探讨[J].煤炭科学技术,1979(9):34-39.

[142] 李金凯.矿井岩溶水防治[M].北京:煤炭工业出版社,1990.

[143] 王永红,沈文.中国煤矿水害预防及治理[M].北京:煤炭工业出版社,1996.

[144] 国家安全监管总局,国家煤矿安监局,国家能源局,等.建筑物、水体、铁路及主要井巷煤柱留设与压煤开采规范[M].北京:煤炭工业出版社,2017.

[145] 魏宁,李金都,傅旭东.钻孔高压压水试验的数值模拟[J].岩石力学与工程学报,2006,25(5):1037-1042.

[146] 蒋中明,傅胜,李尚高,等.高压引水隧洞陡倾角断层岩体高压压水试验研究[J].岩石力学与工程学报,2007,26(11):2318-2323.

[147] 张新敏,蒋中明,冯树荣,等.岩体高压压水试验的渗透系数取值方法探讨[J].水力发电学报,2011,30(1):155-159.

[148] 钱家忠,赵卫东,潘国营.单一流迳基岩裂隙水流态的实验研究[J].焦作工学院学报(自然科学版),2000,19(3):192-195.

[149] 丁留谦,许国安.三维非达西渗流的有限元分析[J].水利学报,1990(10):49-54.

[150] 蒋中明,陈胜宏,冯树荣,等.高压条件下岩体渗透系数取值方法研究[J].水利学报,2010,41(10):1228-1233.

[151] 孙鸿銮.煤矿床裂隙喀斯特水突水通道特征[J].煤炭学报,1965(4):51-57.

[152] 尹尚先.煤层底板突水模式及机理研究[J].西安科技大学学报,2009,29(6):661-665.

[153] 林韵梅.实验岩石力学:模拟研究[M].北京:煤炭工业出版社,1984.

[154] GOODINGS D J. Relationships for centrifugal modelling of seepage and surface flow effects on embankment dams[J]. Géotechnique, 1982, 32(2):149-152.

[155] 姚邦华.破碎岩体变质量流固耦合动力学理论及应用研究[D].徐州:中国矿业大学,2012.

[156] 姜春露.富水孔隙砂岩含水层扰动过程的水动力学特征[D].徐州:中国矿业大学,2013.

[157] 黄润秋,许强.开挖过程的非线性分析[J].工程地质学报,1997,7(1):9-14.

[158] 许强,黄润秋,王来贵.外界扰动诱发地质灾害的机理分析[J].岩石力学与工程学报,2002,21(2):280-284.

[159] 殷有泉,郑顾团.断层地震的尖点突变模型[J].地球物理学报,1988,31(6):657-663.

[160] 秦四清,王思敬,孙强,等.非线性岩土力学基础[M].北京:地质出版社,2008.

[161] 桑博德.突变理论入门[M].凌复华,译.上海:上海科学技术文献出版社,1983.